巨大ブラックホールの謎

宇宙最大の「時空の穴」に迫る

本間希樹　著

装幀｜芦澤泰偉・児崎雅淑
本文デザイン｜齋藤ひさの（STUDIO BEAT）
本文図版｜さくら工芸社
カバーイラスト｜金子千穂（AND You Inc.）

まえがき

「巨大ブラックホール」――それは一言でいえば「究極」の天体です。ありとあらゆる天体の中で最も重力が強いのが「ブラックホール」で、その中でも最も大きくて重い種族が「巨大ブラックホール」です。ブラックホールはその強烈な重力によって、まわりの光や物質を飲み込んでしまい、それらを二度と出しません。まさに宇宙の「怪物」です。光すら出てこないので、それ自身は「暗黒の天体」です。一方、巨大ブラックホールは、周囲の物質を大量に吸い寄せることで、じつは「宇宙で一番明るい天体」として輝くこともあります。このような両極端な性質をあわせもつ、宇宙で最も奇妙な天体が巨大ブラックホールです。

本書は、このような「巨大ブラックホール」について焦点を当て、これまでの研究でわかってきたことや現代に残された謎、そして今後の研究の進展について、なるべくわかりやすく解説していきます。

ブラックホールに関する書籍が数多くある中で本書の特徴ですが、まず一つはブラックホールの中でも「巨大」なものに焦点を当てていることです。宇宙で最も重くて重力が強く、かつ暗黒の天体でありながらも宇宙で一番明るく輝くことができる、その極端な姿を通してこの宇宙の不思議さをぜひ体感してください。また、もう一つの特徴は、筆者自身が観測天文学者であることから、なるべく観測者の目線でこれまでのブラックホール研究の進展を解説しようとしていることです。観測は時として地道で泥臭いものです。得られる結果だけでなくその背後にある研究者の活動にも適宜ふれていきますので、それも併せて楽しんでいただければと思います。この意味では、本書の主人公は「巨大ブラックホール」であるとともに、その謎に挑んできた「研究者たち」でもあります。

本書の構成ですが、第1章は普通のブラックホール、そして第2章は巨大ブラックホールの解説にあてています。ブラックホールにあまりなじみのない方でも、ここでそのおおよその性質をつかんでいただけるよう、入門的な解説としています。もしブラックホールの本を他にも読んだ方は、復習としてさっと読んでいただければと思います。

代わって第3章以降は、人類がその歴史の中で、どのように巨大ブラックホールについて考え、観測や理論による研究を通じてその理解を深めてきたかを述べていきます。その歴史は18世紀末に始まり21世紀の現在も進行中ですので、じつに200年を超えます。第3章以降はほぼ時系列に沿ってまとめていますので、観測技術や理論の進歩とともに巨大ブラックホールに対する人類の理解がどう進んでいったかを知っていただければと思います。もし物理が苦手で1、2章がわかりにくいと感じる読者がいましたら、思い切って1、2章を飛ばして3章から読んでいただくのも手です。

筆者らは現在この本の執筆中も、電波望遠鏡で巨大ブラックホールを直接写真に収めようという国際プロジェクトを推進中です。世界中のミリ波サブミリ波帯の電波望遠鏡を束ねて「視力300万」という人類史上最高の性能を達成する、ＥＨＴプロジェクトです。本書のしめくくりでは、目前にせまったＥＨＴによる観測と、それによって期待される「巨大ブラックホールの直接撮像」についても解説します。これまでの歴史的な研究に加えて、現在進行中の研究の最前線や今後の展望も知っていただき、これからの研究の進展にも一層期待していただければと思います。

この本を通じて、不思議な性質と謎にあふれる「巨大ブラックホール」の世界を知り、そのとてつもない魅力（重力）を感じていただければ嬉しい限りです。そしてもし、ブラックホールの魅力にはまって「二度と抜け出せない」人が出るとしたら、本書の著者として光栄の至りです。

巨大ブラックホールの謎 ● もくじ

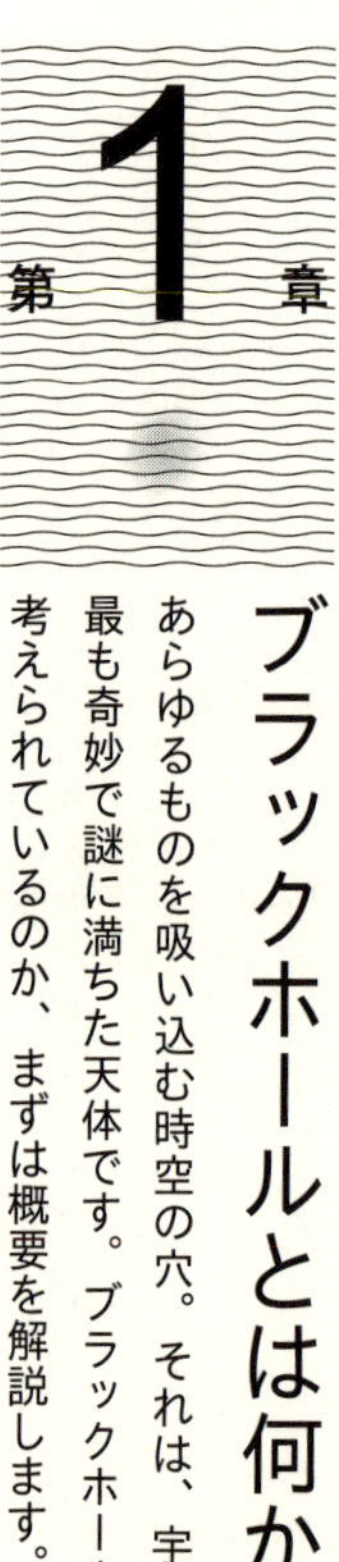

ブラックホールとは何か？ 13

あらゆるものを吸い込む時空の穴。それは、宇宙に存在するもののなかで、最も奇妙で謎に満ちた天体です。ブラックホールは、物理学ではどのように考えられているのか、まずは概要を解説します。

第2章

銀河の中心に潜む巨大な穴　39

本書の主役はただのブラックホールではありません。「巨大」ブラックホールです。太陽の100億倍もの重さを持ち、宇宙で一番明るく輝く常識はずれの天体の、まさに桁違いのスケールを実感してください。

第3章

200年前の驚くべき予言　63

巨大ブラックホールが科学の歴史に登場したのは、今から200年以上前の、1784年のことです。銀河という概念さえ持たなかった当時の科学者は、どのようにブラックホールを予言したのでしょうか。

column

第4章

巨大ブラックホール発見前夜　89

宇宙がたくさんの銀河の集まりであることを認識するようになった人類は、そのなかでひときわ明るく輝く「活動銀河中心核」の存在に気がつきます。じつは、これが巨大ブラックホールの輝きだったのです。

第5章

新しい目で宇宙を見る――電波天文学の誕生　111

それは、今から80年前、ある電波技師の偶然の発見から始まりました。その後、電波天文学は急速な発展を遂げ、巨大ブラックホールの存在を解き明かすための重要な手段となっていきます。

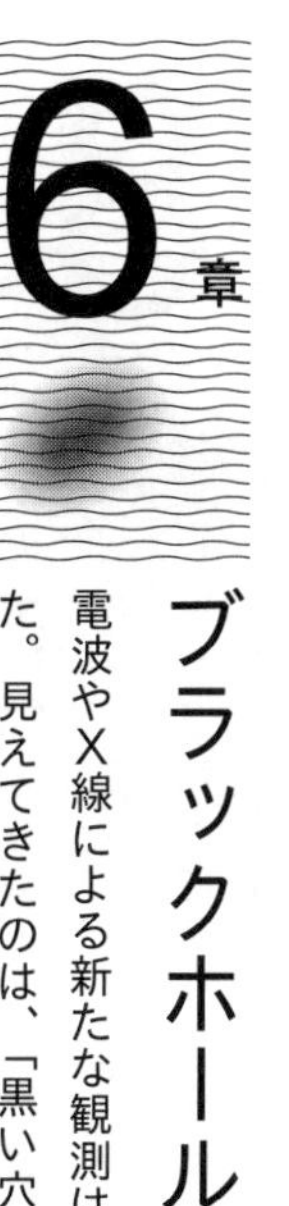

第6章 ブラックホールの三種の神器

電波やX線による新たな観測はブラックホールの理解を一気に飛躍させました。見えてきたのは、「黒い穴」のまわりで宇宙一明るく輝く「降着円盤」、そして、光速に匹敵する速度で放出される「宇宙ジェット」の存在です。

宇宙は巨大ブラックホールの動物園　173

巨大ブラックホールの観測が進むにつれ、宇宙にはさまざまな性質を持つ巨大ブラックホールがあることがわかってきました。穴に物が落ちるだけの単純な天体が、なぜこのような多様性を示すのでしょうか。

巨大ブラックホールを探せ!　189

あらゆる銀河の中心に巨大ブラックホールがあるならば、私たちの住む天の川銀河の中心にも、巨大ブラックホールが存在するのでしょうか?　世界中の天文学者が銀河の中心部に注目しています。

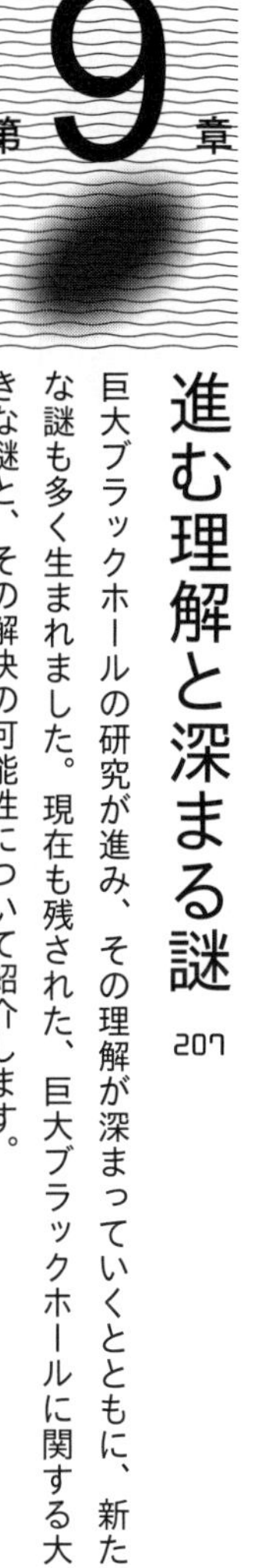

進む理解と深まる謎 207

巨大ブラックホールの研究が進み、その理解が深まっていくとともに、新たな謎も多く生まれました。現在も残された、巨大ブラックホールに関する大きな謎と、その解決の可能性について紹介します。

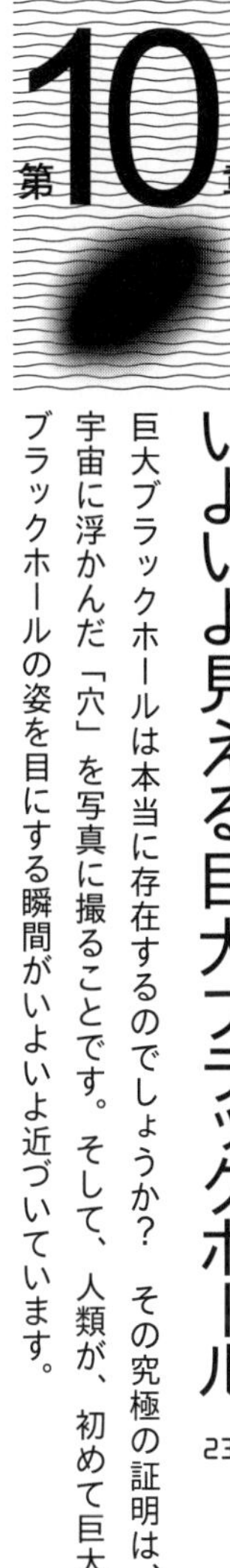

いよいよ見える巨大ブラックホール 235

巨大ブラックホールは本当に存在するのでしょうか？ その究極の証明は、宇宙に浮かんだ「穴」を写真に撮ることです。そして、人類が、初めて巨大ブラックホールの姿を目にする瞬間がいよいよ近づいています。

第1章

ブラックホールとは何か？

あらゆるものを吸い込む時空の穴。それは、宇宙に存在するもののなかで、最も奇妙で謎に満ちた天体です。ブラックホールは、物理学ではどのように考えられているのか、まずは概要を解説します。

巨大ブラックホールとはどんな天体なのでしょうか？　それは宇宙のどこにあり、いつどのように作られたのでしょうか？　最新の天文学では、巨大ブラックホールについて何がわかっていて、何がわかっていないのでしょうか？　本書ではこれらを、順を追って説明していきたいと思います。その最初の一歩として、まず本書で扱う「巨大ブラックホール」がどのような天体か、概要を最初の2つの章で説明したいと思います。そして、「巨大」が何を意味するかの説明は後ほどするとして、本章ではまず一般の「ブラックホール」がどんな天体か、というところから始めましょう。

ブラックホールとは？

ブラックホールはとても奇妙な天体です。その性質を一言でいうと、「重力が強くて光さえ脱出できない天体」ということになります。この説明だけではピンと来ないと思いますので、ブラックホールがどれくらい奇妙な天体かをもう少し説明しましょう。

光はこの宇宙で最も大きな速度を持っていて、その速さは秒速30万キロメートルです。これは1秒間に地球を7回転半するくらいの速さです。このとてつもなく速い光でさえブラックホールから脱出することができないわけですから、それより速度の遅い通常の物質も脱出することはできません。すなわち、ブラックホールはその強力な重力で周囲の物質や光を引きつけ飲み込む一方で、飲み込んだら最後それらを二度と出さないのです。一方通行の弁のような性質を持った、たいへん不思議な天体です。ものを吸い込むだけ吸い込んで何も出さないなんて、なんだか怪物のようで恐ろしいですね。そして、光さえ出てこないので、見た目も真っ黒な天体になるというわけです。つまり、ブラックホール（Black Hole）は、その名のとおり「黒い穴」なのです。

こんな奇妙な天体が宇宙に存在するとはとても信じられない、という方も多いと思いますが、最近の観測から宇宙にはこのような天体が実際に存在することがわかってきているのです。宇宙とは本当に不思議なところです。

本書では、これからブラックホールの不思議な性質をさらに理解してもらうために、物理学の話を少しします。ブラックホールの定義が「重力が強くて光さえ脱出できない天体」でしたから、ブラックホールを理解するためには、「光」と「重力」の性質をまず簡単に知っておいてほしいと思います。

ちなみに現代の物理学では、光の性質は「電磁気学」および「量子力学」などといった分野で扱われます。また重力を理解するには「一般相対性理論」が必要になります。これらは、大学の理学系のコースでも、それぞれを半年ないし一年かけて習うくらいの大きなテーマです。なので、本書ではこれらをすべて網羅することは到底できませんが、そのさわりだけを紹介しながら、ブラックホールのすごさを理解してもらいたいと思います。

光も重力も身近な存在

ブラックホールを理解するのに必要な光と重力は、両方とも私たちの普段の暮らしの中でたいへんなじみ深いものです。

まず光についてです。いうまでもなく私たちは、日ごろから「ものを見る」ために光を利用しています。周辺からやってくる光を目で受けとり、身の回りの情報を得ているのです。もちろん、皆さんが今この本を読むことができているのも、光によって情報が目に伝わっているからです（具体的には、目で見た光の明暗のパターンが「文字」として認識されます）。

すでに述べたように、光の速さは秒速30万キロメートルで、その速さは人間には感じることができないくらい大きいものです。「光が速い」ことを体験できる例として、花火や雷を見たときに、光と音の間に時間差がある、という現象があります。遠くの花火を見ていると、花火が大空に大輪の花を咲かせてしばらくしてから爆発音が「ど〜ん」と聞こえます。また、遠くの雷も、ピカッと光ってから雷鳴が聞こえるまで時間差があります。これは空気中を音が伝わる速さに比べて、光がずっと速いから起きる現象です。実際、音速は秒速３４０メートル、それに対して光は秒速30万キロメートルですから、実に１００万倍（！）も光が速いことになります。

一方、もう一つの重力も、日常的にたいへんなじみ深いものです。たとえば、ボールを上に投げたとき、あるいは私たち自身がジャンプをしたとき、どちらも必ず地面に落ちて戻ってくるのは、地球の重力によって引っ張られているからです。もちろん、これは当たり前すぎる現象なので、重力をありがたいと思う人はいないと思います。しかし、もし仮に重力がなかったら、私たちがジャンプをするとそのまま宇宙空間に飛び出してしまうことになり、とても地球上で落ち着いて生活できません。また、重力がないと、太陽や地球もバラバラになってしまい天体として存在できません。このように普段は特に意識することのない重力ですが、じつはたいへんありがたい存在なのです。重力のおかげで、私たちは地球に暮らすことができているといってもよいのです。

ちなみに、重力は引っ張るのが専門の力です。別の力の例である「電磁気力」には正と負があり、引っ張り合ったり反発したりします（たとえば磁石のN極とN極は反発し、N極とS極は引き合います）。しかし、重力には反発する力はありません。これも重力の特徴の一つです。

ここまで、ブラックホールを理解してもらうための準備として光と重力についてさっと説明しましたが、まずは、光はたいへん速いこと、そして重力は物を引っ張る力であることを理解してもらえれば、最初の一歩としては十分です。

$$F = G\frac{Mm}{r^2}$$

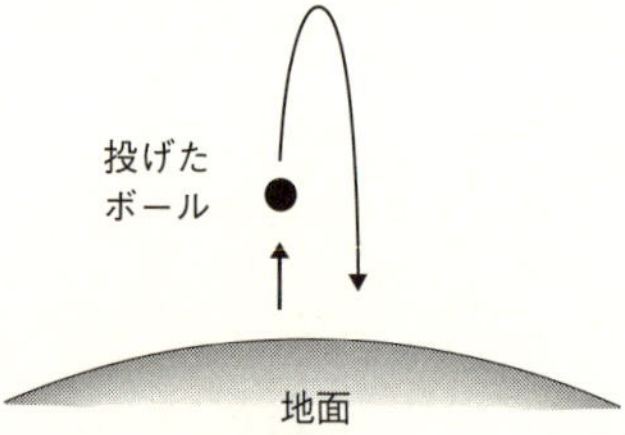

投げた
ボール

地面

図1-1　万有引力の強さFを表す式とその模式図

地表から投げたボールが落ちてくるのも万有引力のため。

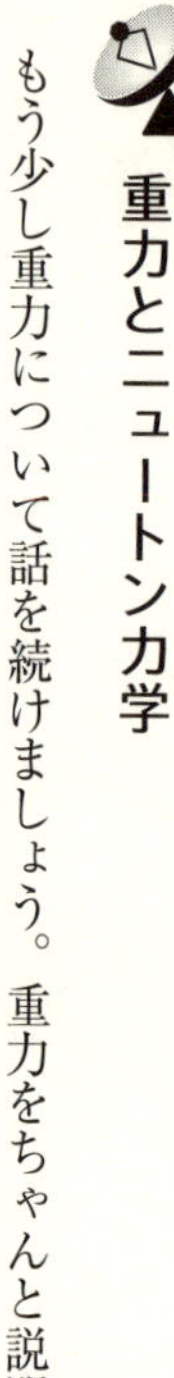

重力とニュートン力学

もう少し重力について話を続けましょう。重力をちゃんと説明するには、アインシュタインの一般相対性理論という難しい理論が必要です。ですが、それがなくてもブラックホールの性質をある程度は理解できます。たとえば、私たちの身の回りで感じられる重力は、だいたいニュートン力学で説明できますし、ブラックホールについても大ざっぱにはニュートン力学で扱うことができます。

ニュートン力学とは、かの有名なアイザック・ニュートン（1643〜1727）が、（本当かどうかはわかりませんが）リンゴが木から落ちるのを見て万有引力を思いついたとされる、あれですね。高校で物理をやった人は万有引力の式を覚えている方もいるでしょう。

ニュートンの万有引力の法則では、重力を決めるのは、引き合う物質の重さと、その距離です（図1－1）。引っ張り合う力の強さFは、引き合う物質の重さMとmに比例し、距離rの2乗に反比例します。また、この法則で出てくる比例係数は「重力定数」と呼ばれ、これをGで表します。この値はいつでもどこでも一定の値を持ちます。

ニュートンが導いた万有引力の法則を使うと、私たちが地球から受ける重力も計算できます。図1－1の式に必要なのは、重力定数Gと重力を及ぼす物体間の距離（この場合地球の半径）、それに地球と私たちの質量（体重）です。私たちが住んでいる地表は、地球の中心から約6400キロメートルの距離にあります。また、地球の質量は6×10^{24}キログラムです。この2つはどの人にとっても一定ですから、単純に個人の体重mに比例して万有引力の大きさは決まることになります。個人の体重を体重計で簡単に量ることができるのも、個人の体重と重力が比例するからです。健康のバロメータである体重が量れるのもニュートンの万有引力の法則のおかげと知れば、重力やその法則もありがたい存在だと感じませんか？

脱出速度

さて、重力についてある程度なじんでもらったところで、次は「脱出速度」について説明しましょう。ブラックホールの性質として、「光が脱出できない」、ということはすでに述べました。これをニュートン力学的な言葉に焼き直すと、「脱出速度が光速度を超える」ことが、ブラックホールになるための条件といえます。

一般に、天体からある速度で物体を打ち上げたときに、それが重力を振り切って遠くまで飛んでいけるかどうかの境界を決めるのが脱出速度になります。たとえば、地上から空に向かって人間がボールを投げると、どんなに力いっぱい投げたところで最終的にはかならずボールは地面に向かって落ちてきてしまいます。これは物理的にいえば、ボールの速度が地表上の「脱出速度」に達していないからです。もし、（たとえば機械とかで）人間が投げるよりも速くボールを打ち出すと、到達する高さはずっと高くなっていくでしょう。そしてさらにボールの初速を大きくすると、しまいには地球の重力を振り切って宇宙空間へ飛び

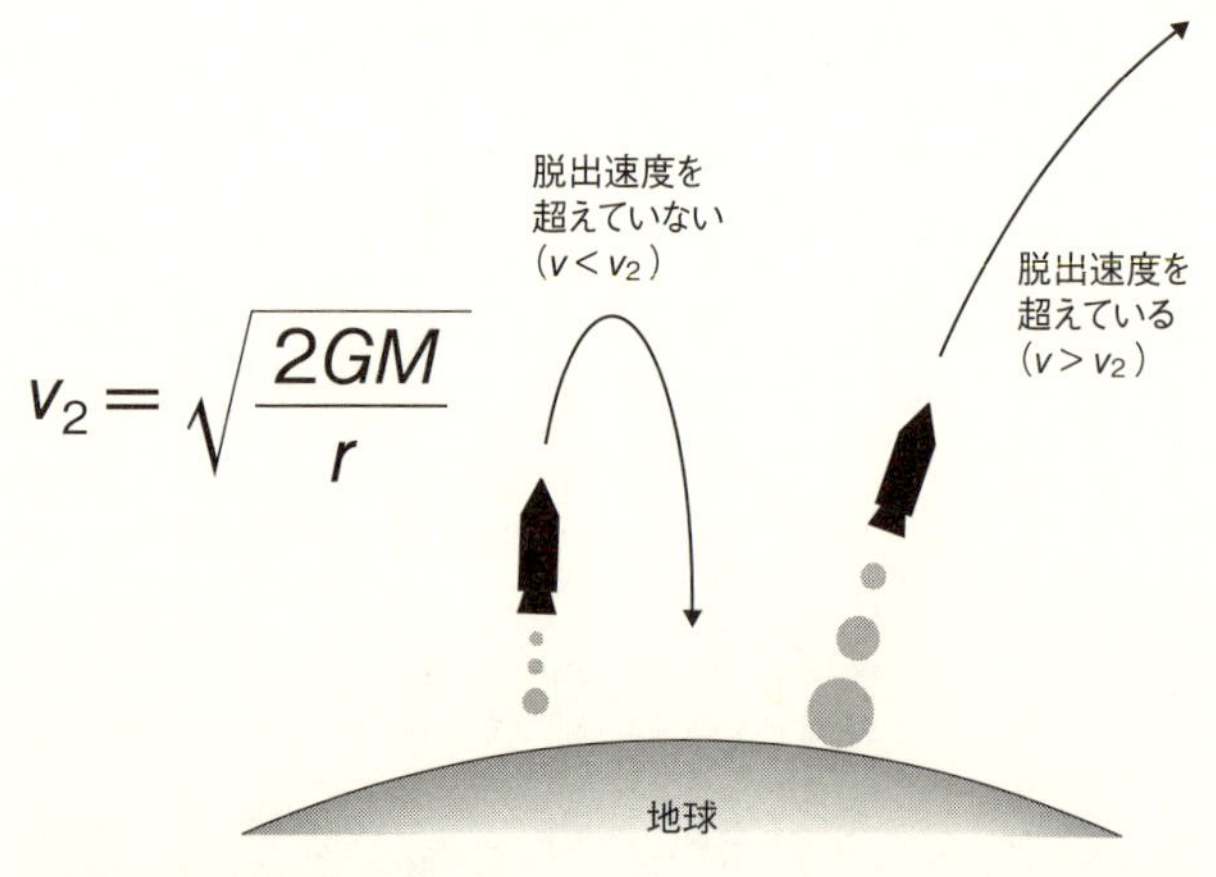

図1-2　**脱出速度を表す式**

脱出速度を超えないロケットは最終的に地球上に落下するが、脱出速度を超えたものは地球の重力を振り切って遠くへ飛んでいく。

出してしまうはずです。このように、「ボールが落ちて戻ってくる場合」と「ボールが宇宙に飛び出してしまう場合」の境目を与える速度が「脱出速度」になります（図1－2）。脱出速度は、たとえば惑星探査機などが地球の重力を振り切って別の惑星に行く際に、とても重要です。なぜならその場合、地球の脱出速度を超える速度でロケットを打ち上げる必要があるからです。

脱出速度がどれくらいになるかは、図1－2に示したような、比較的簡単な式を使って書くことができます。この式は高校の物理で導出することが可能です。章末のコラムで解説していますので、興味のある方はぜひご覧ください。

この式には、先ほどの例で出てきたボールの質量は出てきません（これは重力質量と慣性質量が等しいという物理学的に重要な性質からきますが、ここではこれ以上詳しく触れません）。したがって、脱出速度は投げる物体の重さによりません。ボールでもロケットでも、その重さは全然違いますが、地球を脱出するために必要な速度は同じです。脱出速度は、天体の質量Mと投げ出す場所の半径rだけで決まります。

最も身近な例として、地球の場合を考えてみましょう。地球の質量は、およそ6×10^{24}キログラム、我々が暮らしている地表までの半径は約6400キロメートルです。これらの値と重力定数を用いて地表上の脱出速度を計算してみると、秒速約11キロメートルとなります。つまり、もし1秒間に11キロメートル進むくらいの速さでボールを空に向かって投げたら、ボールは地球から飛び出して落ちてこないのです。ただし、この速度は時速に直すと、時速4万キロメートルという途方もない値ですので、どんなにすごい剛速球投手でも地球を脱出するような速いボールを投げることは不可能です。

この速度を日常の乗り物とも比べてみましょう。たとえば自動車は高速道路でも時速100キロメートル、新幹線は最高速度で時速300キロメートル程度、またジェット機でも最高で時速1000キロメートル程度にすぎません。これらの日常的な乗り物の速度と比べても、地球からの脱出速度の時速4万キロメートルはとてつもなく大きい値です。これは、地球の重力を振り切って宇宙に行くことがいかに大変なことかを表しています。

ブラックホールの半径

地球の脱出速度は、私たちが日常で体験する速度に比べるととても大きく、だからこそ私たちは地球から放り出されることなく安心して暮らしていけるわけです。しかし、この大きな地球の脱出速度も、光の速さと比べるとじつはずっと小さいのです。光の速さ（cで表します）は、すでに述べたように秒速30万キロメートルです。先ほどの地球の脱出速度である秒速11キロメートルと比べて、約3万倍になります。このように、地球の脱出速度と比べても想像もできないくらいの速さで光は伝播するのです。ブラックホールは、脱出速度が光速度を超える、ということで

$$R_s = \frac{2GM}{c^2}$$

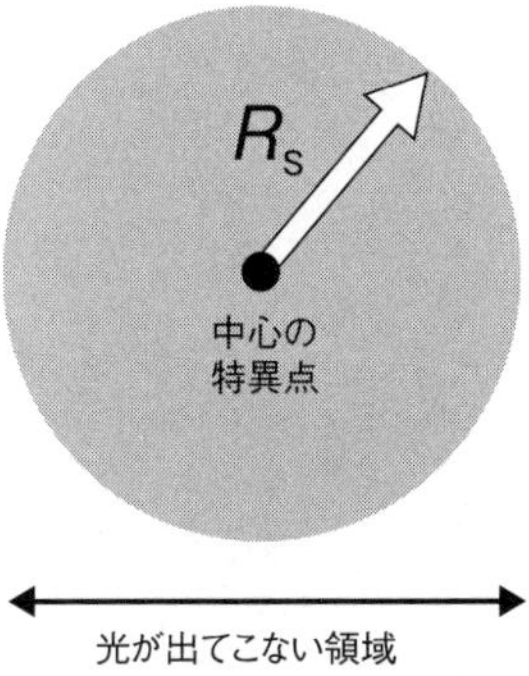

R_s

中心の特異点

光が出てこない領域

図1-3　ブラックホールの模式図

中心の特異点（密度、重力が無限大）の周りに光が脱出できない領域があり、その大きさを表すのがシュバルツシルト半径R_s（地球のようにそこに表面があるわけではない）。

すから、想像を絶する強さの重力を持つ天体ということになります。

それを実感してもらうために、先に述べた脱出速度の式を使ってブラックホールの重さと半径の関係を導いてみましょう。図１－２の式で左辺の脱出速度vを光の速度cと置き換えて式を変形すると、ある質量Mを持ったブラックホールの大きさ（半径）R_sが、図１－３の左側の式のように求まります。

またまた式が出てきたので、数式が嫌いな方にはしんどいかもしれませんが、この式はこの本の中で一番大事なので、頭の片隅に置いておいてもらえると嬉しいです。

この式で与えられる半径はシュバルツシルト半径と呼ばれます。シュバルツシルトはこの半径を含む「シュバルツシルト解」を、アインシユタインの相対性理論を用いて導き出した人物の名前です（そのあたりの詳しい話は第3章でします）。

ニュートン力学的には、この半径の内側からは物を光速度で投げ出したとしても最終的には重力に引き戻されて落ちてくることになります。しかし、投げたものが一旦は上空に飛んで行くという意味で、厳密にはブラックホールの正しい描像ではありません。

相対性理論に基づいて正しく考えると、この半径が表しているのは、ブラックホールの周辺で光が脱出できない領域の大きさになります（図1－3）。この半径の内側からは、光速度に近い速さで外向きに物を投げたとしてもこの半径の外にでることはありません。それがニュートン力学的な描像と一般相対性理論的な描像の大きな違いです。なお、決してこの半径のところに天体の表面があるということではありません。表面ではなく、単にこの半径を境に光が脱出できなくなるだけなので、シュバルツシルト半径を外から中に向かって通過することが可能です。ただし、一度入ったら最後、二度と出てくることはできないので、入るのにはそれなりの覚悟が必要です。

もしシュバルツシルト半径の内側に入れるのなら、その中がどうなっているのかはたいへん気になるところですが、何しろ外からは内部の情報がまったく得られないわけなので、今現在もこれからもそれを知ることは永久にできないと考えられています。ただ想像できることは、ブラックホールの強い重力に対抗する圧力が無いので、すべての質量が中心の一点につぶれて集まってしまっているだろうということです。この中心点では密度や重力が無限大になるので「特異点」と呼ばれています。

なお、シュバルツシルト半径は厳密には相対性理論を使って求めるべきものですが、本書での説明では相対性理論を使わずに、あくまでニュートン力学の範囲内で物事を考えています。それにもかかわらず、上で求めたブラックホールの半径は、じつは相対性理論を使って求めた場合とぴったり同じになります。これはある意味偶然なのですが、ここではそれ以上深く追究せず、ニュートン力学的な考察でよしとしておきます。

とんでもなくコンパクト！

図1－3のシュバルツシルト半径の式をもう少し詳しく見てみましょう。まず、右辺には光速度cおよび重力定数Gという2つの定数が出てきます。これは、ブラックホールを理解するうえで「光」と「重力」が鍵を握っていることに対応しています。cとGの2つが定数なので、結果的にブラックホールの質量Mに比例してブラックホールの半径R_sが決まるという単純な関係になっています。比例の関係ですから、ブラックホールの重さが2倍になったらその半径も2倍、重さが10倍になったらその半径も10倍、となります。

さて、この式に具体的な値を当てはめてみると、ブラックホールがどれだけ特異な天体かがわかります。まず最も身近な天体として、私たちが暮らしている地球を考えてみましょう。地球の質量は6×10^{24}キログラム、その半径は約６４００キロメートルです。地球をぎゅうぎゅうつぶしていって、ブラックホールにするにはどれくらいの半径にすればよいでしょうか？　先ほどのシュバルツシルト半径の式を使えばこの問いに答えることができます。

地球の重さ、それに光の速さ秒速30万キロメートルと重力定数Gを入れて計算すると、地球の重さを持ったブラックホールの半径は、なんと約1センチメートル（！）と求めることができます。すなわち、地球を丸ごと半径1センチメートル以下、直径では2センチメートル以下まで小さくしないとブラックホールにならないのです。たとえていえば、地球の重さを持ったビー玉くらいの大きさの天体なら、ブラックホールになるということです。そんな天体が存在するとは、日常の感覚ではとても信じられませんね！

では、地球の次は、太陽をブラックホールにするにはどこまで小さくすればよいか見てみましょう。太陽の重さは2×10^{30}キログラムで、地球の30万倍以上（！）の重さがあります。先ほどのシュバルツシルト半径の式にこの重さを入れると、半径は約3キロメートルとなります。一方、太陽の半径は70万キロメートルで地球の約１１０倍です。ですので、半径70万キロメートルの太陽を思いっきりつぶして、半径を約20万分の1の3キロメートルまで小さくすると、ブラックホールになるのです。3キロメートルといえば、大人の足で30～40分で歩ける距離ですので、それくらいの小さなスケールに太陽の重さ全部を含むような天体があれば、それがブラックホールになるわけです。

これがどれくらいすごいことか、密度で考えてみましょう。密度は半径の3乗に反比例するので、太陽をつぶしてブラックホールにするには、今の太陽の密度を1京(けい)倍以上（！）にしなくてはいけません。実際の太陽の密度は1.4g／ccで、水の密度1g／ccとそれほど変わりません。もし太陽の重さを持ったブラックホールがあったら、それは水の1京倍以上というとんでもない平均密度を持たなくてはいけないのです。

恒星の進化とブラックホール

ここまで見たように、ブラックホールは通常の天体に比べてとんでもなく小さく、そして高い密度を持っています。ですので、にわかにはその存在を信じられないのも無理はありません。しかし、太陽のような恒星の進化を考えていくと、じつは太陽よりもずっと高い密度を持つ天体が存在することが予想され、そしてそれが実際に観測でも確かめられています。そして、その高密度天体の究極のものとしてブラックホールが形成されることも知られています。以下では少し遠回りになりますが、ブラックホールの存在をより身近に感じてもらうために、宇宙に存在するさまざまな高密度の天体について少しだけ見ていきましょう。

まず通常の恒星の代表格が太陽です。すでに見たように、太陽は直径では１４０万キロメートルという大きさを持っていて、これは地球の１００倍を超えます。太陽は地球上の生命の活動を支えるエネルギーの源です。皆さんは太陽が、どうやってその重力でつぶれることなく安定に存在しているか、知っているでしょうか？

太陽がその大きさを安定に保っていられるのは、太陽の中でエネルギーを自ら作り出しているからです。太陽のような恒星の中心では、核融合と呼ばれる原子核反応でエネルギーが常に作り出されています。実際、太陽のような星では、水素原子が4個くっついてヘリウムができるという核反応によりエネルギーが生成されています。その莫大なエネルギーによって太陽の内部は高い温度と圧力になり、圧力が重力とつりあって現在の大きさが保たれているわけです。仮にもし太陽の中心にエネルギー源がなかったとすると、重力に逆らう力が働かなくなってしまい、どんどんつぶれていってしまいます。

白色矮星――燃え尽きた太陽

今現在の太陽は安定しているので当面心配はありませんが、あと50億年するとじつは太陽の中心部の水素がなくなってしまいます。水素がなくなると今度はヘリウム同士がくっついて、炭素

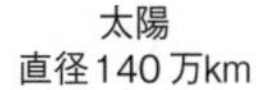

図1-4　太陽質量を持つさまざまな天体種族の大きさ

太陽のような恒星に比べて、白色矮星、中性子星とより小さくて高密度な天体が存在する（スケールは大小関係のみを表していて、比は正確でない）。ブラックホールを作るにはこれらの天体よりもさらに小さくする必要がある。

や酸素といったより重い元素ができる反応が起きます。しかし、太陽のような星の場合、炭素か酸素くらいまで反応したところで核融合がとまってしまうと考えられています。それ以上核融合を進めるのに必要な高い温度が得られないからです。

　核融合がとまると重力に逆らう力が得られないので、星はつぶれてしまいます。しかし、完全につぶれてしまうかといえばそうではなく、ある程度の大きさまでしぼんだところで、今度は別の力が働いて天体を支えることになります。それは量子力学的な効果で発生する「縮退圧」というものです。この縮退圧によって支えられる天体が白色矮星（はくしょくわいせい）と呼ばれる天体になります（図１－４左から２番目）。

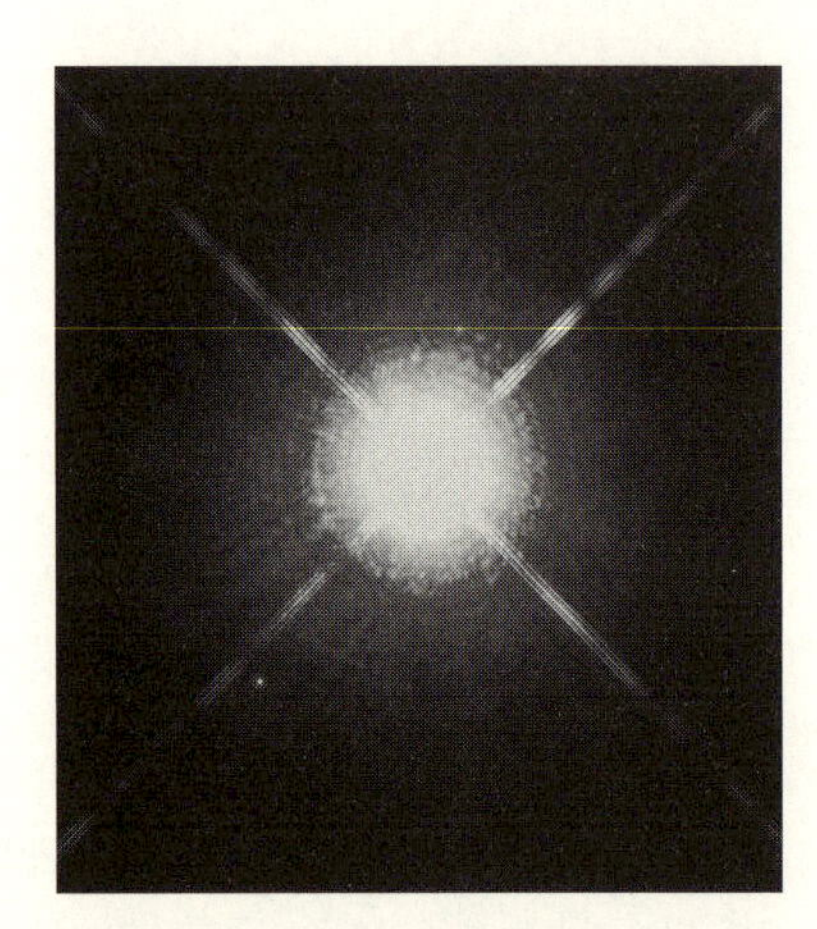

図1-5　シリウスAとその伴星

シリウスB（左下の小さい点）は白色矮星で、シリウスA（中央の明るい星）に比べて1万倍暗い。(NASA/ESA/H. Bond/M. Barstow)

縮退圧というのは、たとえば電子や中性子を狭い空間に高密度でぎゅうぎゅう押し込んでいくと、自然に反発しあう力が働くというものです。少し難しくなりますが、量子力学によれば、多数の粒子が同じ物理状態を取ることはできません。ここで同じ物理状態とは、場所も速度も同じことを指します。高密度にぎゅうぎゅう詰めにされた電子は、場所がほとんど同じところにあるので、少なくとも速度は各々違う値を持つことで、違う物理状態を取ろうとします。このため、各々の電子が異なる速度を持つことになり、それによって大きな圧力が発生します。これが縮退圧です。

かなり荒っぽいたとえをすると、人同士が密着した「すし詰めの満員電車」を考えてもらうとわかりやすいかと思います。ぎゅうぎゅう詰めの電車だと、ついつい押されたら押し返したくなったりするのが人情ですね。電子も同じように狭いところに閉じ込めると圧力が働くわけです。

太陽が燃え尽きて、縮退圧で支えられる白色矮星になったとすると、星の直径としては地球と同程度の1万キロメートル程度になります。太陽に比べて直径がおよそ100分の1になるので（太陽は直径140万キロメートル）、密度は100万倍にもなります。太陽の平均密度は1・4g／ccでしたから、白色矮星の密度は1ccあたり100万グラム＝1トン以上にもなります。角砂糖1個程度の体積で1トンです！

白色矮星は実際に多く見つかっていますが、なかでも有名なものが全天で一番明るい星シリウス（シリウスA、マイナス1・5等星）の伴星であるシリウスBです。シリウスAはおおいぬ座の一等星ですが、この星を望遠鏡で見ると、そのすぐそばに青白い8・4等星があるのが見えます（図1－5）。このシリウスBが白色矮星です。シリウスAと比べて半径が100分の1、表面積では1万分の1しかないので、シリウスより10等も暗く見えるわけです。皆さんが冬に良く目にするシリウスの光のうち、じつはその1万分の1は白色矮星であるシリウスBからのものだったのです。

中性子星——ブラックホールの一歩手前の天体

白色矮星は私たちの常識からすればとても密度の高い天体ですが、これよりさらに密度の高い天体も宇宙には存在します。それは中性子星と呼ばれる天体です（図1－4左から3番目）。星の中心が白色矮星よりもさらに押しつぶされ、原子核が壊れてすべて中性子になってしまい、その縮退圧で支えられる天体です。縮退圧で支えられているところは白色矮星と同じですが、その圧力を担っている粒子が、白色矮星の場合は電子、中性子星の場合は中性子、というところが大きく違います。中性子星は、太陽の10倍もあるような重い星が燃え尽きたときに作られます。この際に、星の中心がつぶれて発生する重力エネルギーにより、星の外側が爆発して飛び散るので、「超新星爆発」として明るく輝きます。超新星爆発は重たい星の最後の瞬間なのです。

中性子星の重さが太陽と同程度だったとすると、その半径は10キロメートル程度になります。これは太陽と同じ質量を持ったブラックホールの半径（3キロメートル）の、およそ3倍の大きさですので、中性子星はブラックホールまで「あと一歩」といえる、非常に小さな天体です。なお密度は白色矮星よりもさらに増加して、1ccあたり5億トン程度（！）にもなります。

歴史にも残る超新星爆発

超新星爆発は希（まれ）な現象ですが、銀河系の中でも100年から数百年に一度発生します。歴史的に有名な超新星爆発の一つが、平安時代の1054年に出現した超新星爆発で、日本では藤原定家（1162～1241）の日記『明月記』の中に記述があります。ただし、この超新星爆発が起きたのは定家の生まれる前のことで、平安京で天文を司っていた「陰陽師（おんみょうじ）」の記録を基にした、伝聞の記述になっています。その記録によれば、おうし座の方角に「客星」が現れ、木星ほどの明るさに見えたそうですから、かなり明るい超新星だったようです。

じつはこの超新星は、現在M1（メシエ1）星雲として知られる、「かに星雲」の起源です。現在見えているかに星雲（図1－6）は、1000年前に起きた超新星爆発の残骸として現在も秒速1000キロメートルという速さで膨張を続けているのです。さらに、この星雲の中心に「かにパルサー」と呼ばれる天体が見つかっており、その正体は高速回転する中性子星です。ですので、超新星爆発に関連して中性子星が形成されることが、銀河系の中で実証されているわけです。ちなみに、定家が残した『明月記』の歴史的記録は、この天体の年齢を決めるのにとても重要な役割を果たしています。『小倉百人一首』の撰者として和歌で名高い定家が、現代天文学にも貴重な貢献をしているのはなんとも興味深い話です。

図1-6　おうし座のかに星雲（M1）

1000年近く前に爆発した超新星の残骸で、その中心部にパルサー（中性子星）がみつかっている。（国立天文台）

星の最後としてのブラックホール

ここまで恒星、白色矮星、中性子星と順に見てきました。図1－4にもあるように、さらにもう少しだけ密度を上げるといよいよブラックホールになります。太陽と同じ質量の場合、中性子星の半径がおよそ10キロメートル、一方シュバルツシルト半径は3キロメートルですから、中性子星に比べて半径は3分の1程度、また密度は30倍以上高い状態になります。ただし、ここで注意してほしいのは、白色矮星も中性子星も有限の大きさを持った天体で、表面を持っているということです。もし強い重力に耐えることができれば、その天体の表面に立つこともできます。一方、ブラックホールは、シュバルツシルト半径のところに立てるような表面はありません。中性子星より小さくなった天体は、それを支える圧力がもはやないので、おそらく無限に小さな領域につぶれてしまい、密度無限大の「特異点」になっているはずです。そしてその周りはシュバルツシルト半径という、「一方通行の弁」で覆われている、というのがブラックホールの姿なのです。

このようなブラックホールはどのようにしたら作ることができるでしょうか？　じつはここでも星の進化が関係しています。実際、太陽の重さくらいのブラックホールも、重い星の進化の最終段階で作られると考えられています。

仮に、ある中性子星に質量を加えてどんどん重くしていくと、ある限界の質量（これをチャンドラセカール質量といいます）を超えたところで天体を支えることができなくなります。こうなると星はそのままつぶれてしまい、ブラックホールになると考えられているのです。このため、非常に重い質量の星（太陽の30倍以上の星）が燃え尽きた場合は、中心部で中性子星ができる代わりにブラックホールが作られると考えられています。このようなプロセスによって作られるブラックホールは太陽の数倍から10倍程度という通常の恒星程度の重さを持っているので、「恒星質量ブラックホール」と呼ばれます。恒星質量ブラックホールは、その高い密度や強い重力を考えると不思議な天体ですが、一方で太陽よりもずっと重たい恒星の進化を考えると、「必然的にできてしまう」、ということになります。

まずは恒星の進化と関連した小さなブラックホールが、星の進化の終点として宇宙で形成されることを理解していただけたでしょうか。一言でいえば、ブラックホールは宇宙で自然に形成されるべき天体なのです。ブラックホールを少し身近に感じてもらえたと思いますので、次はいよいよ巨大ブラックホールの話に進みましょう。

コラム

脱出速度の導出

ニュートン力学では、「運動エネルギーと重力エネルギーを足したらちょうど0になる」という条件から脱出速度が得られます。運動エネルギーとか重力エネルギーとか、なんだか難しい言葉が出てきますが、ここでは、運動エネルギーとは、飛んでいる物体が重力に逆らって外に向かうためのエネルギーと考えてください。そして重力エネルギーとは、天体が物体を引っ張るエネルギーと思ってください。その和が0というのは、つまり運動エネルギーと重力エネルギーがつり合っているということです。

運動エネルギー（E_{kin}：kinetic energy）は、運動している物体の質量 m と、その速度 v を用いて、

$$E_{kin}=\frac{1}{2}mv^2$$

と書けます。つまり、運動エネルギーは速度の2乗に比例し、速度が2倍になればエネルギーは4倍、あるいは、速度が10倍になればエネルギーは100倍になります。自転車や自動車で速度の出し過ぎがたいへん危険な理由の1つは、運動エネルギーが速度の2乗に比例するこの関係のためです。

一方、重力エネルギー（E_{grav}：gravitational energy）は、

$$E = \frac{1}{2}mv^2 - G\frac{Mm}{r}$$

運動エネルギー　　重力エネルギー

- $E<0$なら重力の方が強い(脱出できない)
- $E>0$なら重力に打ち勝って脱出する
- $E=0$となる速度が脱出速度

図1-7　全エネルギーEと脱出速度の関係

$$E_{grav} = -G\frac{Mm}{r}$$

となります。Gは先に出てきた重力定数という物理定数で、Mは天体の質量、mは対象としている物体の質量（投げられたボールや打ち上げられたロケットの質量）を表しています。また、rは天体と物体の距離になります。重力エネルギーは引力なので負の符号を持っており、距離が小さいほどエネルギーがどんどん減少します。

少々式の説明が長くなってしまいましたが、右に述べた運動エネルギーと重力エネルギーの和が０という条件（図１－７）から図１－２の脱出速度、

$$v = \sqrt{\frac{2GM}{r}}$$

が得られます。

第2章

銀河の中心に潜む巨大な穴

本書の主役はただのブラックホールではありません。「巨大」ブラックホールです。太陽の１００億倍もの重さを持ち、宇宙で一番明るく輝く常識はずれの天体の、まさに桁違いのスケールを実感してください。

この章では、いよいよ本書の主題である巨大ブラックホールに本格的に登場してもらいます。前章で出てきた恒星質量ブラックホールとはまた違う、巨大ブラックホールの想像を絶する世界を体験していただければと思います。

まずは、「巨大」という言葉についてです。巨大ブラックホールとは、いったいどれくらい巨大なのでしょうか？　どんな場合でも大きさや重さの比較は相対的なものです。アリから見れば人間は巨大な動物ですし、一方でゾウや大型の恐竜といった生き物に比べれば人間は小さな動物ですね。このように、巨大かどうかは、比較する対象によって変わります。

本書では天文学の話を扱っていますので、比較の対象もやはり天体です。そして、天体の代表格といえば最もなじみの深い恒星、太陽です。実際、太陽と同じくらいの重さの恒星は、銀河の中にありふれたごく普通の星です。天の川銀河には、太陽のような恒星が2000億個以上あると考えられています。また、前章で説明したように、星が燃え尽きたあとにできる白色矮星や中性子星なども、太陽程度の重さを持っています。ですので、これらの天体も、密度が高い変わった天体ではあるのですが、重さという観点で見れば、やはり銀河の中にありふれた「普通」の天体になります。

一方、巨大ブラックホールは、その名のとおり、太陽よりもはるかに大きな質量を持ちます。

具体的には太陽の１００万倍から、最大で１００億倍という値になります。まさに「桁違い」な大きさです。数字だけ聞くと、本当にそんな天体があるのか、あるいは、どうやったらそんな天体が作られるのか、ちょっと想像もつきません。なお、この種の天体は専門用語で「超大質量ブラックホール」（英語名：Super-Massive Black Hole）と呼ばれることも多いのですが、本書では「巨大ブラックホール」を使います。

図2-1　渦巻銀河M81の紫外線写真

中心部の一番明るいところに、巨大ブラックホールが存在する。（ESA）

銀河の中心に鎮座するブラックホール

巨大ブラックホールは、その存在する場所も、またその個数もたいへん特徴的です。巨大ブラックホールは、「それぞれの銀河の中心に一つだけ」あります。たとえば、図２－１は代表的な近傍銀河の一つであるM81の紫外線写真です。銀河の中心がとりわけ明るく輝いていますが、まさにここに巨大ブラックホールが一つ存在しているのです。

前章で説明した恒星質量のブラックホール

は、星が一生を終える際にできる天体ですので、星がある場所（たとえば銀河の円盤など）にはどこでも存在する可能性があります。それに対して、巨大ブラックホールは、基本的にどの銀河にも中心に1つだけですから、大きく異なっています。なお、ごく希に2つの銀河が合体して1つの銀河が形成されているような場合には、それぞれの銀河の中心にあったブラックホールが2個、銀河の中心からずれたところにあるケースもあり得ますが、こういう例外を除けば、ほぼすべての銀河で中心に1つだけ巨大ブラックホールがあると考えていただいてかまいません。唯一無二の存在である巨大ブラックホールが、あたかも銀河の支配者であるかのように、その中心に鎮座しているのです。

突出した巨人

次に、巨大ブラックホールの重さが、銀河に含まれる天体の中でいかに突出したものかをもう少し説明しましょう。銀河には数十億～数千億もの恒星が集まっていて、それぞれの恒星の重さは太陽の10分の1程度のものから太陽の数百倍くらいまでです。一方、巨大ブラックホールは太陽の100万倍以上の重さを持っています。たとえば天の川銀河の中心にあるブラックホール、いて座Aスター（Sgr A*）の場合、太陽400万個分の重さを持つことが知られています（図2-2）。1つの天体で太陽400万個分ですから、他の天体とは比べものにならない驚くべき

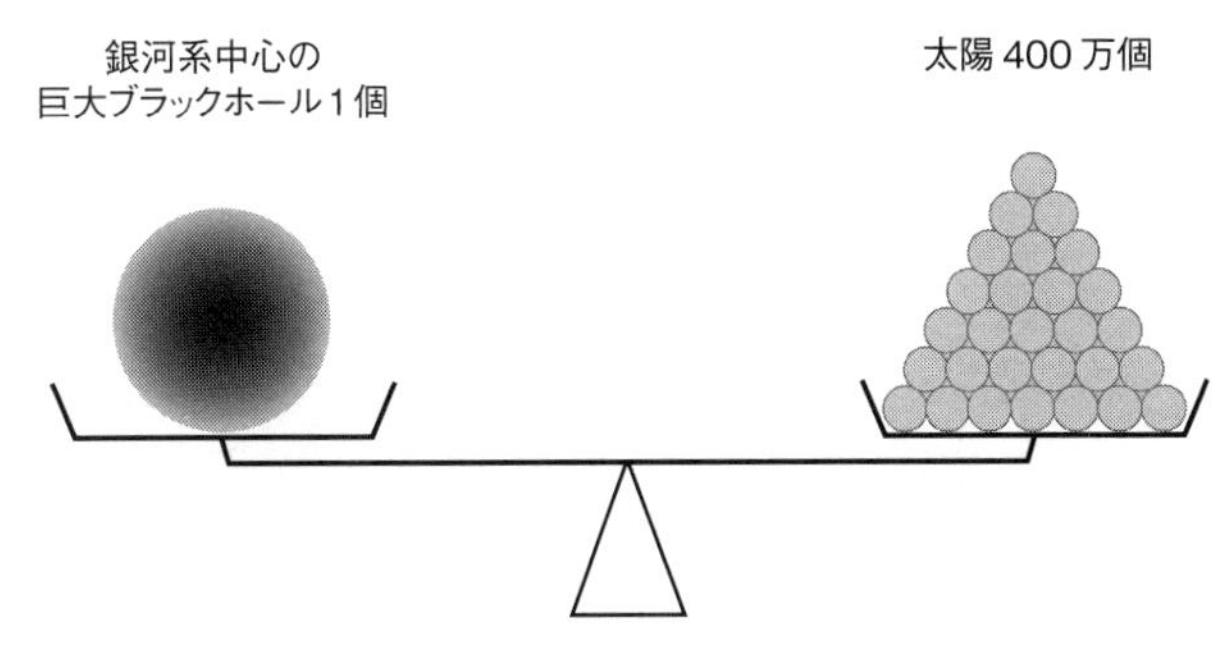

図2-2　巨大ブラックホールの重さ

銀河系の中心にある巨大ブラックホールは、太陽400万個分の重さを持つ。このような巨大な質量を持った天体は銀河系に1つしかないと考えられる。

重さです。

ここで、銀河のそれぞれの天体の重さの分布を、人間の体重の分布と比べてみましょう。人間の体重は赤ちゃんでも2キログラム程度以上で、最も重いお相撲さんでは200キログラムくらいですから、せいぜい100倍くらいの幅しかありません。地球上には現在73億人の人口がいると推定されていますが、世界中でどんなに体重の重い人を探しても、通常の人間の100万倍もの重さを持つ人を見つけることは絶対にできません。しかし、銀河にある数千億の天体の中には、他の数百万倍から数十億倍という重さを持った巨大ブラックホールが存在するのです。しかも、それがたった1つだけ存在するのです。

このように、巨大ブラックホールは質量、存在する数、存在する場所、どれをとっても銀河の中で特別な地位を占めています。この事実は、銀河の成り立ちと巨大ブラックホールが関係していることを示唆していますが、それがどのような関係なのか、詳しいことはじつはまだわかっていません。

じつは小さい巨大ブラックホール

次は、巨大ブラックホールの大きさの話をしましょう。ブラックホールの半径はシュバルツシルト半径と呼ばれ、その具体的な式は前の章で紹介しました。それによれば、ブラックホールの半径はその重さに比例します。仮に太陽をつぶしてブラックホールにすると半径3キロメートル以下というきわめて小さな天体になることも説明しました。巨大ブラックホールは恒星質量ブラックホールに比べて重さが桁違いに大きいので、半径もそのぶん巨大になります。ところが、そのような巨大ブラックホールといえど、他の天体と比べると、じつはたいした大きさではありません。どんなに大きな巨大ブラックホールといえど、太陽系くらいの大きさしかなく、銀河全体から見れば非常に小さなほぼ「点」にすぎないのです。

たとえば天の川銀河の中心にあるブラックホール、いて座Aスター（Sgr A*）の場合、質量は太陽400万個分なのでシュバルツシルト半径は1200万キロメートルとなります。これは、地球と太陽の距離（1天文単位＝1AU）のわずか8％程度です（図2－3）。また、天の

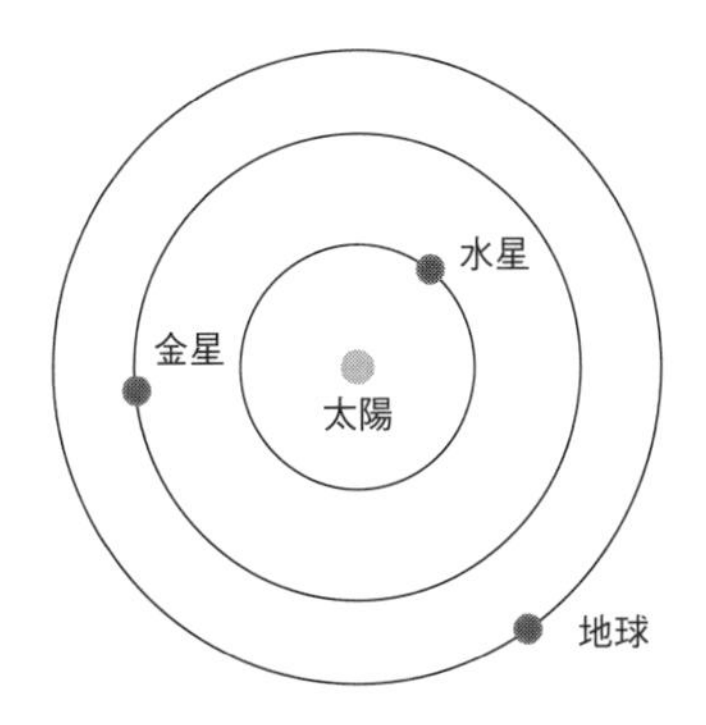

太陽系の内惑星の軌道
（水星、金星、地球）
地球〜太陽間１億5000万km

銀河系中心ブラックホール
半径1200万km

図2-3　巨大ブラックホールと太陽系の惑星軌道の比較

銀河系中心のブラックホールは太陽の400万倍の質量を持つが、その半径は水星軌道よりも小さい。

川銀河の周辺で最も大きな銀河の１つであるM87の中心にある巨大ブラックホールは、最大で太陽60億個分の質量を持つと考えられていて、その半径は１８０億キロメートル、あるいは、１２０ＡＵとなります。太陽系の準惑星エリスは、太陽から一番遠ざかったときの距離が１００ＡＵ程度です。ですから、巨大ブラックホールの中でもひときわ大きな天体である、M87の巨大ブラックホールといえど、太陽系程度の大きさなのです。

　この大きさを銀河全体と比較してみましょう。太陽系の尺度である１ＡＵは、光の速さで進むと約８分かかりますので、「８光分」ということができます。良く知られた「光年」に直すとわずか10万分の２光年という値になります。一方で銀河の大きさは数万光年から数十万光年もありますので、銀河の中心にあるブラックホールが銀河全体から見るといかに小さいかがわかるかと思います。

巨大ブラックホールはとんでもなく明るい!?

巨大ブラックホールが意外に小さいことは注目すべき特徴の一つですが、さらにもう一つ驚くべき性質を持っています。じつは、巨大ブラックホールは「宇宙で一番明るい」天体なのです。こんなことを聞けば読者の皆さんは「え?」と思いますよね? 何しろブラックホールは光さえ飲み込んでしまう、文字どおり暗黒の天体だったはずですから。

しかし、ブラックホールが暗黒であるのは、ブラックホールが真空中に単独で存在している場合の話です。銀河の中にブラックホールが存在すると、その強い重力によって周囲に漂っているガスを引きつけます。ガスはブラックホールの重力により次第に中心に落ち込んでいき、やがてブラックホールの周囲をぐるぐる回転するガス円盤を形成します。このように、中心の天体に少しずつガスを落としていくような円盤を、「降着円盤」と呼びます(図2-4)。「降着」とはあまり耳慣れない言葉だと思いますが、ガスが中心の天体に向かって落ちていく現象を指す専門用語で、ブラックホールを語る上では重要です。

なぜガスが回転して円盤状になるかというと、ブラックホール自身はたいへん小さい天体なので、ガスをまっすぐ一直線にブラックホールに落とすことが難しいためです。ブラックホールから少しでもそれたところを通過するガスは、物理的な専門用語でいう「角運動量」を持ち、ブラックホールの周りを回ることになるのです。たとえば、遠く離れた太陽系の果てからやってくる彗星も、太陽の重力に引っ張られていますが、直接太陽に衝突してしまう天体は少なく、太陽の傍を通過しながら太陽の周りを周回する軌道をとるものがほとんどです。これも、彗星が「角運動量」を持っているからです。あるいは別の例で、水道のシンクに水を張ってから栓を抜くと、穴に向かって真っすぐ落ちる代わりに、渦を描きながら少しずつ水が流れていきます。これは降着円盤のガスがブラックホールに落ち込んでいく様子によく似ています。

図2-4　**降着円盤の模式図**

ブラックホールに回転しながら落ちるガスが円盤を形成する。この円盤の温度が高くなることで明るく輝く。（国立天文台）

さて、ブラックホールにガスを落とすと、どうして明るくなるのかを説明しましょう。ブラックホールの周囲を回るガスは、ブラックホールの重力によって光速度に近い回転速度まで加速されます。その際、摩擦によって非常に高い温度まで熱せられるので、たいへん明るく輝くのです。つまり、ブラックホール＋ガスの降着円盤、というシステムを形成することで、明るく輝くことができるのです。念のためですが、明るく輝いているのはブラックホールそのものではなく、その周りの降着円盤です。しかし、この降着円盤はブラックホールに近いところにあるので、見かけの大きさがたいへん小さく、これまでそれを分解して見た人はいません。ですので、一見すると、あたかもブラックホールそのものが明るく輝いているように見えるわけです。

ブラックホール＋降着円盤のシステムがどれくらいの明るさで輝くかは、ブラックホールにどれくらいたくさん物を落とすかで決まります。このブラックホールに物が落ちる割合のことを「質量降着率」といいます。この量は、ブラックホール近傍から出てくるエネルギーや降着円盤の性質を決めるのにとても重要です。基本的には、質量降着率が高いほどブラックホールは明るく輝くことができます。人間もたくさん活動するには食事をたくさん食べてエネルギーを補給する必要がありますが、ブラックホールも同じで、降着円盤が明るく輝くためには、ブラックホールがたくさんの物質を「食べる」必要があります。

このようにブラックホールは、ガスを落としてエネルギーを解放させることによって、明るく輝きます。宇宙で最も明るく輝くクェーサーという天体もこの仲間です（図2－5）。クェーサーは、銀河の中心部にあたるごく狭い領域が、最大で太陽の１兆倍以上の明るさで輝いている特殊な天体で、活動銀河中心核と呼ばれる種族の天体です。クェーサーは宇宙の果てにあるため、詳しく観察することができませんが、その猛烈な明るさを説明するためには、やはりブラックホールと降着円盤があると考えるのが自然です。なぜなら、ブラックホールこそが宇宙で最も効率良くエネルギーを発生させることのできる天体だからです。

図2-5　**代表的なクェーサー、3C273**

恒星のように点にしか見えないので「準恒星状天体（＝クェーサー）」と呼ばれるが、じつは太陽の約２兆倍の明るさで輝いている。この明るさにも、巨大ブラックホールが大きく関係している。(ESA/Hubble/NASA)

ブラックホールは重力エネルギーで輝く

なんでも吸い込む暗黒の天体であるはずのブラックホールが、宇宙で最も明るい天体の正体であるとはかなり不思議な話なのですが、そのからくりを知ってもらうためにこれから少しエネルギーの話をしたいと思います。

まず、ブラックホールに物を落とすときに得られるエネルギーの源は重力エネルギーです。重力エネルギーという言葉を聞くと難しく感じる方もいるかもしれませんが、地球上の重力によって引っ張られながら暮らしている私たちには、重力エネルギーはたいへんなじみ深いものです。重力エネルギーを取り出す仕組みはたいへん単純で、重力に引っ張られて物が落ちるとき、落ちた分だけそれに相当する重力エネルギーが解放されます。たとえば、手に持ったボールを放すと当然重力に引っ張られて下に落ちますね。放した瞬間の速度は0でも、ボールが床に着く瞬間には重力によってかなりの速度に加速されているはずです。これは重力エネルギーがボールの運動エネルギーに変わったからです。

あるいはボールの代わりにガラスのコップだったとしましょう。手を放した後、加速しながら落ちるところまではボールと同じですが、コップが床にあたったら最後、大きな音を立てて割れ、粉々になってしまうはずです。これは重力エネルギーがコップの運動エネルギーに変換され、さらにそれがガラスのコップを砕くためのエネルギーとして使われたからです。もしもっと高いところから落とせばより大きなエネルギーが得られますので、コップどころかもっと頑丈なものまで壊すこともできます（実際に実験して確かめることはお勧めしませんが）。このように重力中で物を落とすと、落ちた距離に応じて、重力エネルギーが解放されるのです。

この理屈はブラックホールでもまったく同様です。重力は天体の種類、つまり地球かブラックホールかによらずに、すべての物質に同様に働きます。ですので、ブラックホールに向かって物を落とすと、やはり落とした距離に対応して重力エネルギーが解放されるのです。つまり、ただ単にブラックホールに物質を落とすだけで、エネルギーが得られるというわけです。

驚異のエネルギー解放効率

次にブラックホールに物を落としたときにどれくらいのエネルギーが得られるかを計算してみましょう。本当は相対性理論を使ってちゃんと計算する必要があるのですが、ここでは前章までと同様にニュートン力学を使って簡単に考えることにします。厳密な値ではありませんが、およその目安としては十分なものが得られます。

まず、ブラックホールからはるか彼方にあって静止していた重さmの物体が、重力で引っ張られて半径rまでまっすぐ落ちてくるとしましょう。その際、解放される重力エネルギーは、

$$E = G\frac{Mm}{r}$$

と表されます。ここでEはエネルギー、Gは重力定数で、Mは物体を引っ張る天体の質量です。また、第1章で出てきた重力エネルギーの式と符号が逆なのは、ここでは取り出されるエネルギーを考えているからです。ブラックホールの大きさぎりぎりまでガスを落とす場合、rはシュバルツシルト半径$R_s = 2GM/c^2$となるので、$E = mc^2/2$となります。これは静止質量$\varepsilon = mc^2$の半

分（50％）に相当するエネルギーになります。

ここで静止質量とは、物質の質量をエネルギーで表したものです。アインシュタインの特殊相対性理論によれば、質量とエネルギーは等価であり、その関係を記述する $\varepsilon = mc^2$ の式は有名なので、この式をどこかでご覧になったことがある方も多いでしょう。

解放された重力エネルギーは物体の運動エネルギーとなり、最終的には光速に近い速さまで物体が加速されてブラックホールに落ちていくことになります。

ただし、すでに断ったようにこれは非常に荒っぽい計算で、本当は相対性理論を使う必要があります。また、実際にブラックホールに物を落とす際には、まっすぐ落とすことが難しいので、降着円盤になって回転しながら落ちていくことなども考慮する必要があります。さらに、解放される重力エネルギーのうち、一部は熱としてガスに蓄えられるので、放射として外に出ていくのは一部です。これらの効果を考えてちゃんとエネルギー解放効率を求めると、ブラックホールに物を落とす場合、静止質量に対して10～40％のエネルギーが解放可能である、という結論が得られます。値に幅があるのは、ブラックホールが回転しているか（スピンを持っているか）どうかによっても結果が変わるからです。いずれにしてもここで最も大事なのは、最低でも静止質量の10％に相当するエネルギーをブラックホールは解放することができる、ということです。パッといわれても、このすごさはなかなかわかりづらいのですが、じつは、この解放効率は驚くべき高い値です。そのすごさを感じてもらうために、以下で私たちが日常的に使っている他のエネルギーと比べてみましょう。

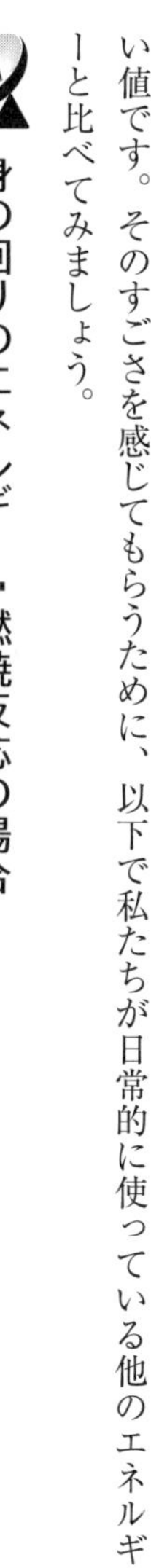

身の回りのエネルギー：燃焼反応の場合

私たちに最もなじみのあるエネルギー生成プロセスは燃焼反応です。普段の生活でも、ガスや石油を燃やして、暖をとったり料理をしたりしています。これらは、物質が燃焼（酸化）する化学反応によってエネルギーを取り出し、その結果として熱を得ているのです。燃焼といっても、その種類はさまざまですが、ここでは一番簡単な例として、メタンガスが酸化して二酸化炭素と水が生成される反応を考えてみます。この反応は化学式を使って書くと次のようになります。

$$CH_4 + 2\,O_2 \rightarrow CO_2 + 2\,H_2O + 1.5\times10^{-18}\,J$$

（熱量はメタン1分子あたり）

Hは水素、Cは炭素、Oは酸素を表します。式の左側は燃焼に使われるメタンCH_4と酸素O_2を表し、右辺は生成物である二酸化炭素CO_2と水H_2O、そして反応で発生するエネルギーを表しています。エネルギーの単位Jはジュールと読み、1カロリーが約4・2Jに相当します。右の式はメタンの燃焼に関するものですが、その他一般の燃焼反応も似たような形で表され、基本的には二酸化炭素と水を生成します。地球規模でさまざまな燃料を際限なく燃やし続けると、長期的に二酸化炭素が増えて地球温暖化のリスクが上がるといわれているのはこのためです。

さて、重要なのはこの化学反応のエネルギー解放効率です。先ほどのブラックホールの場合と同様、静止質量に対してどれくらいのエネルギーが出るかを求めてみましょう。先にも出てきた$\varepsilon = mc^2$という式を使って燃料（メタン＋酸素）の質量をエネルギーに換算し、これと反応で発生する熱量との比を取れば計算できます（興味のある読者の方は表計算ソフト等を使って計算してみてください）。

この結果得られる解放効率は、なんと、静止質量比でたったの100億分の1程度になります。にもかかわらず石油ストーブは暖かいですし、ガスはお風呂やシャワー、料理に欠かせない大切な熱源です。日常生活でたいへんありがたい化学エネルギーですが、静止質量に対する解放効率で見ると、とてもわずかなエネルギーということになります。

原子力発電所の場合

次はもう少し規模の大きなエネルギー生成についても考えてみましょう。私たちの生活に欠かせない電気は、発電所で生成した熱エネルギーを電気に変換して作られています。発電所の中でも最もよく使われているものは火力発電所で、この場合、基本的な反応は燃料の燃焼ですので、エネルギー解放効率は先に述べた燃焼反応の場合とほぼ同じになります。

一方、火力発電と並んで大きな発電量を占めてきたのが原子力発電です。東日本大震災以降、福島第一原発の問題などもあって社会的にもいろいろと議論の的になることの多い原発ですが、ここではその賛否はさておき、発電所の中でどんな反応が起きているかを見てみましょう。

原発では、燃料であるウランを核分裂させ、その際に生成される熱で蒸気を作り、タービンを回して発電しています。この際の核反応の経路はそれなりに複雑なのですが、単純化して書くと、

$$^{235}U + n \rightarrow Z_1 + Z_2 + 3.2 \times 10^{-11} J$$ （熱量はウラン１個あたり）

という具合になります。ここで左辺は、燃料となるウラン２３５に中性子nがぶつかることを表します。ウラン２３５の数字の〝２３５〟はウランの質量数で、原子核に含まれる陽子と中性子の数の和を表しています。なお、自然界のウランはウラン２３５に比べて少し重い、ウラン２３８が大多数ですが、こちらは容易には核分裂を起こさない安定な元素なので、原発の燃料にはなりません。

さて、分裂しやすいウラン２３５は、中性子をあてると重さが同じくらいの２つの原子核に分裂します。右の式の右辺は、ウラン２３５が２つの核種Z_1、Z_2に分裂することを表しています（核種は一定でなく、複数の種類が生成されます）。その際に出る熱量ですが、燃焼の場合と同様

にエネルギー解放効率に直すと、静止質量比で０・１％程度という数字が得られます。つまり静止質量の１０００分の１のエネルギーが取り出せることになります。これは化学反応（燃焼）の１００億分の１に比べればずっと高いエネルギー解放効率です。しかしそれでも、ブラックホールの静止質量比で10％という解放効率に比べるとまだ桁違いに小さいものです。

核融合──未来のエネルギー源？

核分裂よりもさらにエネルギー解放効率が高い物理的な反応が核融合です。核融合は太陽のエネルギー源でもあるので、日ごろから私たちもその恩恵にあずかっていることになります。太陽の中心では水素が４個くっついてヘリウムが生成される核融合が起きています。その反応の過程で出るエネルギーによって太陽は輝いているのです。これを反応式で書くと、

$$4H \rightarrow He + 4.3 \times 10^{-12} J$$（熱量は水素４個あたり）

となります。これを基に核融合のエネルギー解放効率を計算すると、静止質量比で０・７％となります。ざっと、静止質量の１％程度をエネルギーに変えることができるという計算です。

これはこれまでに見てきた反応の中で最も高い効率です。また、太陽の中で起きている核融合では反応後に生成されるのはヘリウムで、ヘリウムは安定で安全な元素です。ですので、核分裂

を用いる原子力発電所と違い、太陽と同様な核融合炉がもし実現すればよりクリーンな発電所になりえます。このように、核融合は次世代のエネルギー生成の方法としてたいへん魅力的で、日本の核融合研究所を含め、世界中の研究所でその実現を目指した実験が行われています。

ただし、核融合を実現する上で最も困難な壁となるのは、核反応を起こすために必要となるきわめて高い温度です。たとえば、核融合が起きている太陽の中心部では、温度が１５００万度にもなります。なぜこのような高い温度が必要かというと、水素の原子核（単一の陽子そのもの）は正の電荷を持っていて、水素の原子核同士をぶつけようとすると強い反発力が働くからです。そのため水素同士を合体させるためには、温度を上げて非常に大きな速度でぶつける必要があるのです。

参考までに、原子力発電所で使っている核分裂反応では、電荷を持たない中性子を放射性元素にぶつけて核分裂を引き起こすので、温度を高くする必要がありません。これが、核分裂を使う原発がすでに稼働している一方で、核融合を使った発電が実用化されていない最大の理由です。

さて、話をブラックホールとのエネルギー解放効率の比較に戻しましょう。すでに見たように最も高い効率を持つ核融合反応でも、取り出せるエネルギーは静止質量の1％以下でした。一方、ブラックホールでは物質を落とすだけで静止質量の10％から40％ものエネルギーを取り出すことができるのです。まさに桁違いのエネルギー解放効率で、核分裂の１００倍、核融合に対し

表2-1 地球上の代表的なエネルギー発生プロセスと、ブラックホール降着の比較

エネルギーの解放機構	燃料の例	得られる熱量（静止質量比）	実用形態
化学反応（燃焼）	メタン	約100億分の1	火力発電所
核分裂	ウラン	約1000分の1	原子力発電所
核融合	水素	約140分の1	核融合炉（実験段階）
ブラックホール降着	なんでもよい	約10分の1	ブラックホール発電所（実現不可?）

ても10倍以上という高効率になります。端的にいえば、宇宙で最もエネルギーを効率良く取り出せるのがブラックホールということになるわけです（表2－1）。クェーサー（活動銀河中心核）のように莫大なエネルギーを放射する天体が、発見後比較的早い段階からブラックホール（とそこにガスを落とす降着円盤）が起源であると考えられた理由は、このように大きなエネルギー解放効率にあったのです。

夢のブラックホール発電所

エネルギーの解放効率の話をしていたら、原子力発電所の話も出てきましたので、もしブラックホールが発電所に使えたらどんなにいいかという余談を少しだけ。すでに述べたようにブラックホールは他のどのような反応よりもエネルギーを効率良く取り出せます。しかも、物をブラックホールに落とすだけでよいの

で、核融合反応のように温度を高くする必要もありません。また、さらにすごいことに、燃料はなんでもよいのです。ですから、いらないゴミや放射性物質をどんどんブラックホールに落としていくと、エネルギー問題と環境問題を一気に解決することができます。これがもし実現したらなんという素晴らしい発電所だろう（！）ということになるのですが、最大の課題は周囲のものをすべて飲み込んでしまう可能性があるのできわめて危ない、ということに尽きます。残念ながらブラックホール発電所を実現できるのはいまのところＳＦの世界だけでしょうか。

図2-6　**ブラックホールの想像図**

中心にブラックホールがあり、その周囲にはガスが回転しながら落ちていく降着円盤と、垂直に伸びるジェットがあると考えられる。（国立天文台/And You Inc.）

巨大ブラックホールの現在の描像

これまで見てきたように、ブラックホールは降着円盤を通じてたいへん効率良くエネルギーを解放することができ、クエーサーのような活動銀河中心核の明るさを最もうまく説明できると考えられています。現在の最先端の天文学の研究成果によれば、このような活動的なブラックホールは、すでに説明した2つの成分（ブラックホール本体とそこに落ち込むガスでできた降着円盤）に加えて、ブラックホール近傍から放射されるジェットを持っています（図2－6）。ジェットも含めた3成分は、ブラックホールを語る際の「三種の神器」といってもよいでしょう。

ブラックホールと降着円盤はすでに説明しましたが、もう一つの主要成分であるジェットとは何でしょうか？　一般にジェットとは、ガスが細く絞られながら速い速度で出ていく現象を表す言葉で、日本語では「噴流」などと訳されます。ジェットは身の回りでも見られる現象で、たとえば飛行機のジェットエンジンは、噴流を作り出してその反作用で推進力を得る装置です。あるいはもっと身近なものでいえば、水鉄砲から出る水も、細く速い速度で飛ぶので、噴流の一種と考えてよいでしょう。

宇宙でもブラックホールに限らず、物質が降着しているところでジェットはしばしば観測される現象です。たとえば、ガスが降り積もって星が作られつつある「原始星」（赤ちゃん星）でも良く観測されます。このようなジェットが出るメカニズムはまだはっきりとは解明されていませんが、基本的には物をどんどん中心天体に落としたときに、一部のガスが外にエネルギーや角運動量などを抜き出す役割を果たしていると考えられています。

特に、ブラックホールから出るジェットは、光速に近い速さで、非常に遠くまで細く絞られて飛び出していくのが特徴です。このようなジェットがどのように生成されるか、どのように光速近くまで加速されるか、そしてどのように細く絞られるかは、まだ謎として残されています。これまでの研究からブラックホール近傍の磁場構造が関連しているという説が有力で、現在も観測、理論双方の面から研究が続けられています。

謎だらけの巨大ブラックホール

このようにブラックホールは、本体に加えて降着円盤とジェットの３つの成分がセットになっている、というのが現代の描像です。ところが、じつはこの３つの主要な成分のうち、ちゃんと撮像（画像の撮影）によって観測されているのはジェットだけです。これは、ジェットの大きさが、ブラックホール本体や降着円盤と比べて桁違いに大きく、観測しやすいからです。ブラックホールのスケールをシュバルツシルト半径R_sで表すと、ブラックホールは１R_s、また降着円盤の大きさはおおよそ10～１００R_s程度であるのに対して、ジェットの大きさは１万～10億R_sのスケールに達するものもあります。ジェット以外の降着円盤とブラックホールはまだ分解して観測された例はなく、現代天文学でも重要なフロンティアとして残されています。

これらがいままで観測できなかった理由は、巨大ブラックホールといえど、これまでの観測技術では点にしか見えないほど小さかったからです。ところが最近の技術の進歩により、近い将来、巨大ブラックホールの降着円盤やブラックホール本体が直接観測できるようになる可能性があると期待されています。それによって、ブラックホールが文字どおり「黒い穴」であるのか、また、その周りには本当に降着円盤があるのか、などが直接的に確かめられて、巨大ブラックホール研究が大きく進展すると考えられます。科学ではどの分野でもこれまで見えなかったものが見えるようになると、その理解が大きく進むことになります。ですので、これからの数年間はブラックホール研究にとってたいへんエキサイティングな時代になると期待されます。が、そこに行く前に、次章以降では人類がどのように巨大ブラックホールを認識し、その存在を突き止めてきたかを、順をおって説明していきたいと思います。

第3章

200年前の驚くべき予言

巨大ブラックホールが科学の歴史に登場したのは、今から200年以上前の、1784年のことです。銀河という概念さえ持たなかった当時の科学者は、どのようにブラックホールを予言したのでしょうか。

ブラックホールについてざっと理解してもらったところで、ここからは人類がブラックホールをどのように認識し、そして研究してきたかを、見ていきたいと思います。じつはブラックホールの可能性が科学的に初めて指摘されたのは、今から200年以上も前のことです。ブラックホール研究の歴史は意外に長いことに驚かれる読者の方もいらっしゃるのではないでしょうか。実際、恒星や銀河といった天体が正しく認識される以前から、ブラックホールが科学的な考察の対象になっていたのです。

ブラックホールの提唱者：ジョン・ミッチェル

ブラックホールを科学的な形で初めて提唱したのは、ジョン・ミッチェル（1724〜1793）という科学者です。ケンブリッジ大学で学んだあと、イギリスのソーンヒルという小さな町の教会で牧師を務めながら研究を続けていました。彼の研究分野は天文学だけでなく物理学や地震学など多岐にわたりますが、彼の名声をなによりも高めているのが、人類初の「ブラックホールの予言」です。

「ロンドン王立協会」という伝統ある科学学会が出版している学術雑誌に、『哲学紀要（Philosophical Transactions）』というものがあります（図3−1）。この雑誌、なんと1665年から現在まで出版され続けている、世界で最も歴史のある科学雑誌です。ミッチェルが178

4年にこの雑誌上に発表した論文中に、科学史上で初めてブラックホールに相当する天体の可能性が記述されています（なお、ブラックホールという言葉が一般的に使われ出すのは20世紀後半になってからですが、本書では最初からブラックホールと呼ぶことにします）。この論文中で彼は次のように記述しています。

「もし太陽と同じ密度を持ち、大きさが500倍もあるような星があったとしたら、脱出速度が光の速度を上回るために光を出さない星になり、このような天体を観測しても何の情報も得られないだろう」

これは第1章で説明したのとまったく同じで、「脱出速度が光の速さを超えたら暗黒の天体となるはず」、という発想です。

PHILOSOPHICAL
TRANSACTIONS,
OF THE
ROYAL SOCIETY
OF
LONDON.
VOL. LXXIV. For the Year 1784.
PART I.

LONDON,
SOLD BY LOCKYER DAVIS, AND PETER ELMSLY,
PRINTERS TO THE ROYAL SOCIETY.
MDCCLXXXIV.

図3-1　1784年出版の『哲学紀要』の表紙

念のためですが、第1章では太陽と同じ重さの天体を仮定して脱出速度を考え、もしその半径が3キロメートル以下になればブラックホールになると説明しました。一方、ミッチェルは太陽と同じ密度（太陽の平均密度は約1・4g／cc）の天体を考えました。太陽と同じ密度を持つ天体をどこまで大きくしたらブラックホールになるか、それを考えて得られたのが、太陽の500倍の半径の巨大な天体だったのです。

　では、このような天体の重さはいったいどれくらいになるでしょうか？　密度は太陽と同じで、一方体積は半径の3乗に比例しますから、重さも半径の3乗に比例することになります。半径は太陽の500倍ですから、その質量は太陽に対して500×500×500倍＝1億2500万倍（！）になります。すなわち、これは巨大ブラックホールに相当する天体です。歴史上最初に予言されたブラックホールが、恒星質量のブラックホールではなく、本書の主題である巨大ブラックホールだったなんて、ちょっと驚きです。

　さらにミッチェルは、ブラックホールの可能性について述べただけでなく、併せてブラックホールを観測する方法についても次のように続けています。

「もしそのような天体がある場合、それ自身は暗くても、周りを回る天体があればその運動からその存在を知ることができる」

　これは、ブラックホールのような暗い天体をどうやったら観測できるかを書いたものです。ミッチェルが提案したように、周囲の天体の運動を用いてブラックホールの存在を突き止めるやり方は、現代天文学でもブラックホールを観測するための重要な方法になっています。この方法は、ニュートン力学を知っていれば導けるものではありますが、このような「ブラックホールの観測方法」も含めて、今から200年以上も前に予言していたとはすごいことです。ただ、当のミッチェル自身もこのような天体が宇宙に実際に存在するとは考えなかったらしく、それ以上の詳しい検討はこの論文でもしていません。

時をほぼ同じくしてフランスの数学者で天文学者でもあるピエール＝シモン・ラプラス（1749～1827、図3－2）も同じようにブラックホールの可能性を指摘しています。ラプラスは1796年に出版された『宇宙体系の解説（Exposition du systéme du monde)』の中で、「太陽のおよそ250倍の半径を持ち、地球と同じ密度を持つ天体があれば、光が脱出できなくなり、暗い天体になるだろう」と述べています。ミッチェルに後れること十数年、ラプラスが求めたのもミッチェルと同じく天体の脱出速度が光速を超える天体の大きさになります。ミッチェルの場合と少し値が違うのは、ミッチェルが太陽の密度を基準にしたのに対し、ラプラスは地球の密度（約5・5g／cc）を考えたからです。

図3-2　ピエール＝シモン・ラプラスの肖像画

当時、地球や太陽の重さや、光速度の値にはそれなりに大きな誤差があったと思われますが、ミッチェルやラプラスの出した値は現在の物理量を用いて求めた値ともおよそ一致しています。たとえば、ミッチェルが求めた太陽の約500倍という半径の値は、最新の物理定数を用いて計算すると約485倍となります。このように、今から200年以上前の18世紀の終わりに、すでに巨大ブラックホールの存在可能性や、その大きさについて的確にとらえていた科学者がいたのです。ちなみにそのころのヨーロッパといえば、フランスではフランス革命がまさに起ころうとしていたころであり、また、オーストリアやドイツでは、モーツァルト（1756〜1791）やベートーベン（1770〜1827）という音楽の巨人たちが活躍していた時代です。

18世紀の天文学事情

ミッチェルやラプラスのブラックホールの予言は、残念ながら当時はほとんど顧みられることがありませんでした。それどころか発表した当の本人たちも、「そんな奇妙な天体が宇宙に存在することはないだろう」と考えていたようです。実際、彼らの論文でもブラックホールについてはごく短い記述があるのみです。これは当時の天文学の知識からすると、あまりに先進的すぎてとても受け入れられるようなものでなかったからです。それを理解してもらうために、ここで、当時の人類の宇宙の認識がどの程度だったかをざっと見てみましょう。

ミッチェルやラプラスの方法でブラックホールの存在を導くのに必要なのは、「光の速度の値」と「ニュートン力学」になります。光の速度はレーマーの木星の衛星食による計算（167

6年）やブラッドレーの光行差の発見（１７２８年）によって、当時すでに有限の値であることがわかっていました。まずレーマーが用いた「衛星食」についてですが、これは木星の衛星が公転しているため、地球から見て木星の裏側に隠される現象です。レーマーはその食の予想時刻が一年を通じて周期的に変化することに注目します。そして、地球の公転軌道を光が横断する時間のためにその周期変化が発生すると考え、光速度を割り出しました。一方、ブラッドレーが測定した「光行差」は、動いている乗り物から見て雨が斜めに落ちてくるように見えるのと同様の現象です。太陽の周りを公転している地球から見ると、星の光が斜めに降ってくるように観測され、結果的に星の方向が季節変動します。この現象も光の速さが有限だから起こる現象で、地球の公転速度がわかっていれば、この光行差の測定から光の速さが求まるのです。

以上のような観測から光の速度がおよそわかっていたことに加え、もう一つの重要な要素であるニュートン力学も、１６８７年に出版された『プリンキピア』ですでに公表されていました。ですので、確かに18世紀前半にはブラックホールを想像するための材料が整っていたといえます。

一方で当時の天体に関する認識がどれくらいだったかというと、これは現在の私たちの持っているものとは比べものにならないくらい初歩的なものです。たとえば、ハーシェルによって天王星が発見されたのが１７８１年ですので、ミッチェルのブラックホールの予言とほぼ同時代のことになります。また、海王星の発見は１８４６年ですから、18世紀末の天文学では現在知られている太陽系の惑星も全ては知られていないことになります。さらに、恒星までの距離が初めて測定されたのは、１８３８年のベッセルによるはくちょう座61番星の測定が最初ですから、ミッチェルやラプラスの時代には恒星までの距離はまったくわかっていませんでした。つまり、天の川の星々がどれくらい遠い天体なのか、どれくらいのエネルギーを出しているのか、などはまったく見当がつかなかったのです。そして、恒星が進化してできる高密度天体である白色矮星や中性子星にいたっては、予言も発見も20世紀に入ってからですので、これらは18世紀末には想像すらつかない天体でした。当時の宇宙では、太陽と太陽系の惑星のみが、距離や大きさがちゃんとわかっている天体だったのです。そのような時代に現在のブラックホールに相当するものを予言できたのは、この2人の科学者がいかに優れた先見の明を有していたかを示しているのだと筆者は思います。

ちなみに、ミッチェルもラプラスも、超高密度な恒星質量ブラックホールを予言する代わりに、現在の巨大ブラックホールに相当するものを考えていたところが興味深いです。これも当時の天文学的理解を反映しています。すでに述べたように、ミッチェルは太陽と同じ密度の天体を、またラプラスは地球と同じ密度の天体を考えて、半径を大きくしたらどうなるか考えました。これは当時、白色矮星や中性子星といった超高密度天体が知られていなかったので、密度の高い天体を仮定することには抵抗があったのでしょう。密度を上げる代わりに、密度は保ったまま半径の大きな天体を考えたことで、結果的に巨大ブラックホールにたどり着いたわけです。ですので、ミッチェルとラプラスは単にブラックホールの提唱者であるだけでなく、「巨大ブラックホールを初めて考えた科学者」でもあるのです。

19世紀はブラックホールの暗黒時代

このように18世紀末にブラックホールという非常に先進的なアイデアが打ち出されました。ところがその後のブラックホールをめぐる研究は、1世紀あまりの間、目立った進展がありませんでした。実際19世紀中の100年間は、ミッチェルらの業績も結果的に注目されることがなかったのです。彼らの業績は20世紀後半になって再評価され、今に伝えられています。なぜミッチェルおよびラプラス以降、ブラックホールの研究が進まなかったのでしょうか？　一つには彼らの考えたアイデアがあまりに先進的すぎたということがあるでしょう。一方、もう一つの理由として、当時の物理の主要命題であった、「光とは何か？」という問いと、その研究の進展が関連していると考えられます。光が逃げられない天体がブラックホールですので、ブラックホールの物理の鍵を握るのは光の性質です。

さて、「光とは何か？」という問いは、じつに数百年にもわたって論争が続いた、物理学におけるとても重要な命題です。近代科学誕生以降、「光は波である」という説と、「光は粒子である」という説が常に対立してきました。たとえば、17世紀にはオランダの科学者クリスティアン・ホイヘンス（1629～1695）が、光を波として扱うことでさまざまな現象が説明可能であることから、「光は波である」という説を最初に提唱しました。一方、少し時代が下ると、科学の巨人ニュートンが「光は粒子である」と主張し、17世紀末から18世紀にはこの説が有力だったのです。すでに説明したようにミッチェルやラプラスのブラックホールは、光が粒子であるというのが前提になっています。なぜなら、空に向かって投げたボールが落ちてくるように、粒子である光もブラックホールの重力に引きつけられて落ちてくるはず、というのが彼らの考えた説だったからです。

ところが、ミッチェルやラプラスがブラックホールを予言した直後から、光に関する研究が大きく転換します。改めて「光は波である」ことを示す実験結果が出たのです。その一つが、1800年代初めの、トーマス・ヤング（1773～1829）による光の干渉実験です。ヤングは1つの光源の光を分けて、2つのスリットを通してみたところ、それらが干渉し、強め合ったり弱め合ったりする「干渉縞」が観測されることを見出したのです（図3－3）。この現象は光が波であり、波の山同士あるいは谷同士が重なりあって強め合ったり弱め合ったりすることから起きるものです。この実験によって、ホイヘンスの波動説が復活し、逆にニュートンの粒子説は旗

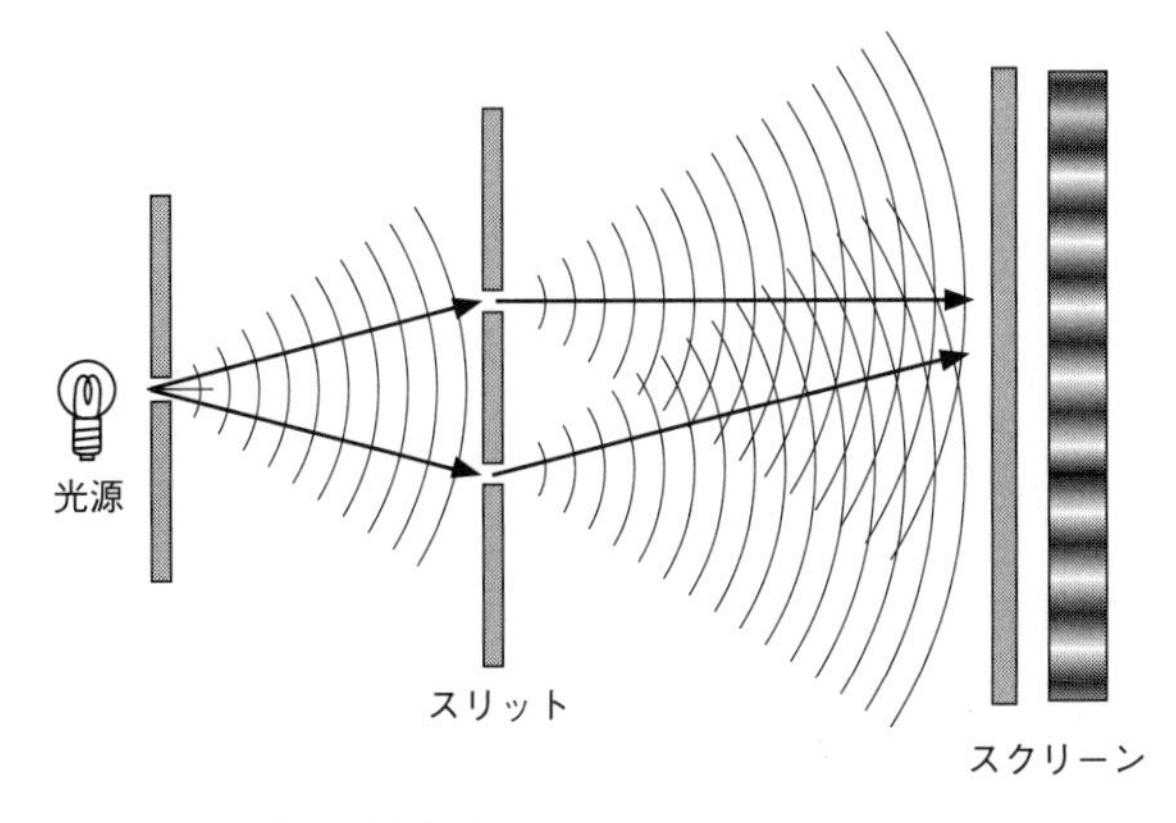

図3-3　**ヤングの干渉実験**

同一光源から出た光が、中央の２つのスリットを経由してスクリーン上に干渉縞を作る。

色が悪くなります。そして光の波動説の広がりとともに、「粒子説」を前提にしたミッチェルらのブラックホールも顧みられることがなくなっていったのでしょう。

光をめぐる論争

その後19世紀の半ばを過ぎると、英国の科学者ジェームズ・クラーク・マクスウェル（１８３１～１８７９）によって電磁気学が完成されます。いわゆる「マクスウェル方程式」が１８６４年に発表され、電気力と磁気力の振動によって伝わる「電磁波」の存在が数学的に示されました。光も電磁波の一種であり、波長０・５ミクロン前後の電磁波です。電磁気学の完成により、光が波であることが物理的に確立し、粒子説は完全に打ちのめされます。

ところが、光をめぐる論争は20世紀に入ってもさらに続きます。事実、20世紀になってから、光が粒子でないと説明できない現象が見つかってきます。たとえば、アインシュタインは、金属に光が当たった時に電子が出る「光電効果」という現象を、光が粒子であるという説に基づいて説明することに成功しました。アインシュタインが１９２１年にノーベル賞を受賞したのも、この「光電効果の研究」に対してです。

また、20世紀初頭、ドイツのマックス・プランク（１８５８〜１９４７）は「光は粒子である」という概念に基づいて、黒体輻射（たとえば溶鉱炉の鉄など、ある温度を持った物質から出される光）の色やスペクトル（色ごとの光の強さ）を説明することに成功しました。これらの研究により、光が粒子であることが確かになり、結果的に「量子力学」という20世紀の新しい物理学の誕生へとつながるのです。

では、結局のところ「光は粒子か、それとも波か？」という問いは最終的にどうなったのでしょうか？　たいへん興味深いことに、なんと両者の主張が引き分けです。「光は粒子であり、波でもある」のです。波動説を唱えたホイヘンスも、粒子説を唱えたニュートンも、どちらも正解ということになります！

光が波の性質と粒子の性質を併せ持つのは、私たちの日常的な感覚からすればかなり不思議に感じます。しかし、量子力学が確立された現代では、光に限らず、電子のようにそれまで粒子として考えられていたものも、波の性質も併せ持っていることが確認されています。ミクロな世界では、波と粒子の二面性を併せ持つことが、あらゆるものの本質なのです。

光は粒子であり波である

ブラックホールから少々離れた話題が続きますが、光を含む電磁波が「波であると同時に粒子である」という話は現代人の生活においてもじつは非常に重要です。たとえば読者の皆さんはデジカメをお持ちだと思いますが、そこで撮像に使われているのがＣＣＤ（Charge-Coupled Device　電荷結合素子）という装置です。ＣＣＤは光を粒子としてとらえていて、それぞれのピクセルに対応する素子の中に光の粒が入ると、それに応じて電荷が蓄積されます。そして各ピクセルにたまった電荷の値で写真が表現されるのです。つまり、私たちが普段目にしているデジカメの写真は、光が粒子である性質を使って撮影されています。

一方で、日常生活でも通信やテレビ・ラジオで電波を利用しますが、ここでは電磁波の波としての性質を主に利用しています。また、筆者ら電波天文学者が主に使っている電波望遠鏡でも、電波を波としてとらえます。特に、本書でも重要な観測手法として登場する「電波干渉計」も、電磁波の波としての性質を巧みに利用したものです。ヤングの実験と同じように、複数の望遠鏡で測定された波の山同士、谷同士を足し合わせて「干渉」させているのです。このような観測は

図3-4　アルベルト・アインシュタイン

粒子の数をカウントするCCDでは行うことができません。このように、日常生活においても現代の観測天文学においても、電磁波の「粒子としての性質」および「波としての性質」の両方がうまく利用されているのです。

相対性理論の誕生

少し脇道にそれてしまいましたが、ブラックホールの話に戻りましょう。19世紀中は足踏み状態だったブラックホール研究の状況は、20世紀に入って大きく変化します。そのきっかけとなったのは、かの有名なアルベルト・アインシュタイン（1879〜1955、図3－4）が一般相対性理論を完成させたことです。

アインシュタインの相対性理論については多くの解説書がありますので、ここではかいつまんで簡単にその概要を紹介しましょう。アインシュタインは1905年に特殊相対性理論を、1915〜16年に一般相対性理論を発表し、それまでの物理学の枠組みを劇的に変化させていきます。特にブラックホールに直接的に関係するのが、重力を扱った一般相対性理論です。一般相対性理論の革新的なところは、「質量の存在が時空（時間および3次元空間を合わせた4次元空

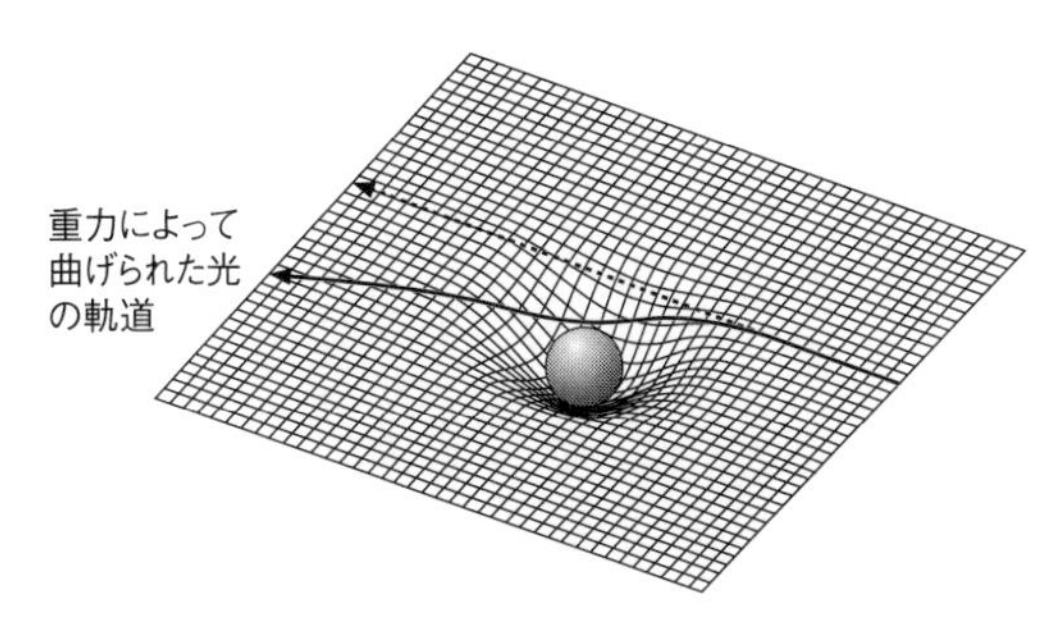

図3-5　**重力によって時空が歪む様子**

間）の歪みを引き起こす」、ということです。物質のない慣性系では光や天体は直進しますが、物質の存在により歪んだ時空の中では、光や天体が歪みに沿って進みます（図3－5）。これが、光や天体の軌道を曲げる「重力」に相当するわけです。アインシュタインは、このような時空の歪みを数式で記述する「アインシュタイン方程式」を導き出しました。

そしてアインシュタインは自身の理論が正しいかを確認するために、ニュートン力学と一般相対性理論における惑星の運動の違いについて調べました。彼の理論によれば、太陽の周囲を公転する惑星の運動は、ニュートン力学と一般相対性理論の場合で微妙に異なります。たとえばニュートン力学の場合、太陽と地球だけがある理想的な2体問題では、天体の公転軌道は必ず閉じた楕円になります（図3－6左）。つまり、公転軌道を1周するとかならず同じ場所に戻ってきますし、また何度公転を繰り返してもまったく同じ楕円の上を回り続けます。この場合、惑星が最も太陽に近づく点である「近日点」はいつも同じ

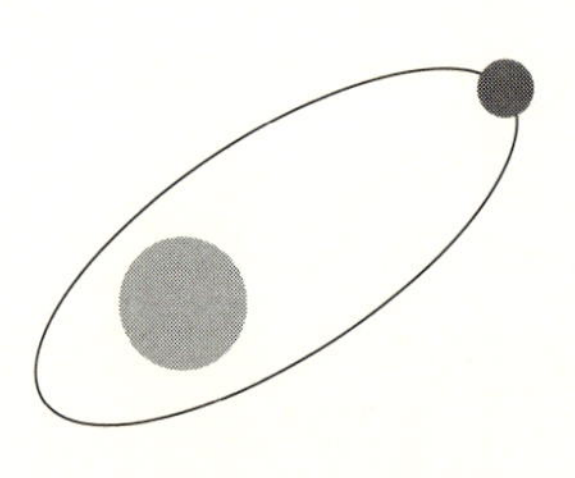

ニュートン力学の場合の公転軌道
（軌道は閉じた楕円）

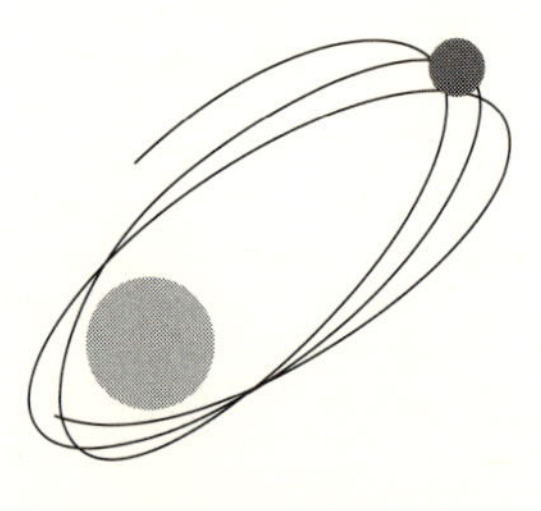

相対性理論の場合の公転軌道
（軌道は閉じない）

図3-6 ニュートン力学と相対性理論における天体の公転軌道の違い

場所になり、変化しません。一方、一般相対性理論によれば、惑星の運動は完全に閉じた楕円にはなりません。軌道上を一周してきても、完璧に同じところには戻らないのです。このため太陽に惑星が近づく「近日点」も時間とともに変化します（図３－６右）。

さて観測的には、水星の近日点が時間とともに変化する「近日点移動」と呼ばれる現象が19世紀から知られていました。その移動していく速さは１００年間に５７４秒角です（1秒角は1度の３６００分の1という小さな角度です）。太陽系には金星や地球といった太陽以外の天体もあるので、水星の近日点移動のほとんどはそれらの影響としてニュートン力学の範囲内で説明できていました。しかし、なぜか１００年間に43秒角分の移動だけがニュートン力学で説明できていなかったのです。アインシュタインの一般相対性理論は、まさにこの１００年間で43秒角の水星の近日点移動をちゃんと説明することができます。アインシュタインは、一般相対性理論からこの値が導かれることを自身で確認し、自分の理論に自信を持ったのでした。

光の折れ曲がりの観測

相対性理論が予言することのうち、ブラックホールを考える上で特に重要なのは、「時空の歪みによって光が曲がる」という現象です。この予測を確認するため、光の折れ曲がりの測定が相対性理論の検証実験として行われました。アインシュタインの理論によると、太陽の表面すれすれを通過する光は、太陽の重力による時空の歪みのため、およそ1・75秒角ほど曲がります。もちろん太陽があまりに明るすぎるために、太陽のすぐそばにある天体を普段観測することはできません。このような星を観測することができる唯一の機会は、太陽が月に隠されて暗くなる「皆既日食」だけです。皆既日食は数年に1回しか発生しませんし、場所と時間が非常に限定されるので、決められた時間、場所に観測隊を送り込んで観測しないといけません。アインシュタインが相対性理論を発表した当時は第一次世界大戦の真っ只中だったので、残念ながらすぐにはこのような観測ができませんでした。

相対性理論を検証する観測が初めてなされたのは第一次大戦が終わった後、1919年のことです。この年の5月に皆既日食がアフリカで発生し、イギリスの天文学者アーサー・エディントン（１８８２〜１９４４）を中心とする観測隊がアインシュタインの予言を確かめるべく観測を行ったのです。その結果、アインシュタインの予言どおり、太陽の重力によって星の位置が変化することが確認されたのです。この観測によって正しさが確認された相対性理論は、アインシュタインの名声とともに、物理の基本的な理論として世界に広がっていきました。

図3-7　カール・シュバルツシルト

シュバルツシルト解の発見

さて、いよいよ一般相対性理論に基づくブラックホールの登場です。一般相対性理論の枠組みで初めてブラックホールを数学的に導き出したのは、ドイツの科学者カール・シュバルツシルト（１８７３〜１９１６、図３－７）です。シュバルツシルトは、アインシュタインの相対性理論が発表されるとすぐ、アインシュタイン方程式を解いてその解を求めようとしました。その結果として１９１６年に発表されたものが、「シュバルツシルト解」といわれるアインシュタイン方程式の厳密解です。厳密解とは、近似をまったく用いずに、時空の様子を完璧に記述できる数式といえばわかりやすいでしょうか。相対性理論発表の直後のことですから、本当に「すぐに」この解にたどり着いたことになります。

シュバルツシルト解は、質点（質量を持った点）の周りの、真空な時空の歪みを記述します。質点が一つだけ存在する場合、そこを中心にして時空の歪み方は質点からの距離のみに依存して決まります。このような構造は「球対称」と呼ばれます。たとえば、サッカーボールなど、球状のボールを考えると、その表面上の点はどこを取っても中心から同じ距離になりますから「球対称」です。一方、ラグビーボールのような形の場合、表面上の点でもボールの中心からの距離はまちまちですので球対称ではありません。じつはブラックホールにも球対称なものとそうでないものがありますが、ここから先はしばらくの間、球対称のシュバルツシルト・ブラックホールを考えていきます（球対称でないブラックホールは、遅れて1960年代に数学的に導出され、こちらは同じく発見者の名前をとって「カー・ブラックホール」と呼ばれます。これは回転しているブラックホールになります）。

さて、シュバルツシルト解を見ると、その時空構造は驚くべき性質を持っていることがわかります。中心天体に近づくと時空の歪みがきわめて大きくなり、その結果として、ある半径よりも内側からは光が脱出できないことが導かれるのです。この半径こそがシュバルツシルト半径と呼ばれるもので、ブラックホールの大きさを決める重要な物理量です。この半径内からは光も何も出てこないので、シュバルツシルト半径の外側の領域は、その内側からなんの影響も受けることはありません。この半径を境にしてまったく因果関係がなくなるので、シュバルツシルト半径のことを、「事象の地平線」（英語で〝Event Horizon〟）とも呼びます。日常生活でも地平線の向こう側は見えないように、シュバルツシルト半径の「向こう側」の世界は、絶対に見ることができないのです。

シュバルツシルト解の導出は、アインシュタイン方程式をきっちり解かなければいけないので計算は面倒ですが、そこから得られるシュバルツシルト半径は非常にシンプルに、以下のように書けます。

$$R_s = \frac{2GM}{c^2}$$

数式の得意な方はもうお気づきかと思いますが、この式は、ミッチェルがニュートン力学を用いて導き出したブラックホールの半径とまったく同じものです。

すでに述べたことの復習になりますが、シュバルツシルト半径は、ブラックホールの質量Mに比例します。太陽の質量を持ったブラックホールの場合、シュバルツシルト半径は3キロメートルになりますので、あとは考えているブラックホールの質量が太陽の何倍かを知っていれば、その大きさを求めることができます。この関係は、ブラックホールの大きさを考える上でとても重要ですので、頭の片隅にいれておいていただくと後々まで便利です。

シュバルツシルトの不運

シュバルツシルト解を発見した、シュバルツシルトの人物像にも少しだけ光を当てましょう。シュバルツシルトはポツダム天文台の台長を務めていた天体物理学者でした。彼がシュバルツシルト解を発見したのは１９１５年で、第一次大戦中のことになります。じつはこのとき彼は従軍中で、ロシア戦線にいました。従軍の傍らでも研究を続け、そこでシュバルツシルト解を見つけ、その成果をアインシュタインに書き送ったのです。この厳密解の発見には、一般相対性理論を打ち立てたアインシュタイン自身も驚いたようです。というのもアインシュタイン方程式はたいへん複雑な方程式なので、アインシュタイン自身も当初は厳密解が見つかると思っていなかったのです（アインシュタインが最初に一般相対性理論の有効性を示した水星の近日点移動の計算では、厳密解でなく近似的な手法が使われています）。

シュバルツシルトがアインシュタインに解の発見を知らせる手紙を書いたのは１９１５年12月のことでした。ところがたいへん残念なことに、シュバルツシルトは従軍中にかかった病気のため、論文が発表された１９１６年に42歳という若さで亡くなってしまいます。ブラックホールの存在を相対性理論に基づいて示しながらも、彼はその後のブラックホール天文学の進展を見ることはできませんでした。しかし、彼の名前は「シュバルツシルト解」や、ブラックホールの事象の地平線の大きさを与える「シュバルツシルト半径」に刻まれており、今後も科学史の中で長く残り続けていくでしょう。

一般相対性理論のさらなる予言

一般相対性理論の完成とシュバルツシルト解の発見によって、ブラックホールを物理学的に記述することができるようになりました。一方で、相対性理論により予言された現象は他にもあり、その中には天文学の進歩やブラックホール研究の展開にも関連する重要なものがありますので、あと2つほど紹介しましょう。

1つ目は良く知られた宇宙膨張です。アインシュタイン方程式の解として、無限に小さい点から始まって膨張する動的な宇宙が導かれます。これが現代において標準的な宇宙モデルである「ビッグバン宇宙」の基礎となっています。でも、宇宙が膨張しているなんてなかなか一般の人には信じられないですよね。このような解を見つけた当のアインシュタイン自身が、「こんなことはありえない」、「自分の理論が間違っているのでは」と悩んでしまうほどだったのですから。

アインシュタイン自身も当初「宇宙は定常で不変であるはず」という当時の常識を疑うことができませんでした。そのため、自分で導いたアインシュタイン方程式に少しだけ手を加えて、宇宙の膨張を止める、という細工をします。この時に導入されたのが「宇宙項」といわれる、アインシュタイン方程式に加える定数です。

ところが、アインシュタインがこのようにして静的な宇宙を導くことに苦心する一方で、その後系外銀河の観測が進むと実際に宇宙が膨張していることが確認されます。このために後にアインシュタインは、「宇宙項の導入は最大の間違いだった」といって、これを撤回しています。

ところが自然とは何とも奇妙なもので、20世紀後半から21世紀になるとさらに宇宙の詳細な構造がわかるようになって、この「宇宙項」の存在が確認されています。これが現在「ダークエネルギー」と言われているものです。ただし、アインシュタインが導入したものとの違いは、宇宙を静止させるものではなく、宇宙の膨張を加速させる役割を持っています。「ダークエネルギー」の正体は現在も不明で、現代天文学や物理学の最大の謎の一つになっています。この「ダークエネルギー」の研究も元をたどればアインシュタインにつながっているのです。

重力波——時空のさざ波

そしてもう一つ、相対性理論から予想される重要な現象が「重力波」です。質量を持った物体が周りの時空を歪めることはすでに述べましたが、その物体が加速しながら運動すると、時空の歪みの様子が時々刻々変化し、それが波として伝播していきます。この「時空のさざ波」が「重力波」です。相対性理論が予言した数多くの現象のうち、重力波は21世紀に入るまで長い間観測することができませんでした。
しかし2016年の2月になって「人類史上初めて重力波が検出された」、という大ニュースが世界を駆け巡りました。このニュースはテレビや新聞でも大きく報道されましたので、ご存じの読者の方も大勢いらっしゃると思います。2個のブラックホール連星が合体して1個のより大きなブラックホールが形成される、というエキゾチックな現象により放出された重力波が、地球上で検出されたのです。ちょうど筆者がこの本を執筆中のできごとで、じつは当初は「重力波はまだ見つかっていない」という原稿を書いていました。結果的には原稿を書きなおすはめになりましたが、一生に何回経験できるかわからないくらいのエキサイティングな発見に、一科学者として大きな興奮を覚えました。

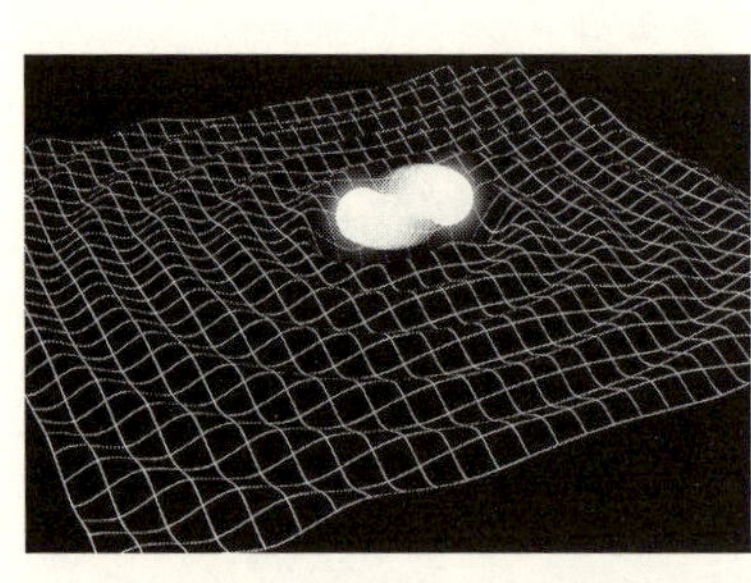

図3-8 重力波を放出しながら合体する連星ブラックホールの想像図
(国立天文台)

さて、人類が初めて検出した重力波は、連星ブラックホールの合体に伴う重力波でした。具体的には、太陽の36倍の重さを持つブラックホールと29倍の重さを持つブラックホールが、お互いの周囲を公転しながら次第に近づいていき最終的に合体する、という現象から出たものだったのです（図3－8）。このような、ブラックホールが合体してより大きなブラックホールになるという現象は、本書の主人公である「巨大ブラックホール」の成り立ちにも関連していると考えられており、天文学的にもたいへん興味深い現象が観測されたことになります。

Black Hole

コラム

日常生活にも欠かせない相対性理論

さて、日常ではなかなか一般相対性理論が予想する「時空の歪み」を経験することは難しいのですが、日常生活を陰で支えている相対論的な現象として、「重力場中の時計の遅れ」があります。重力の強い場所では時空の歪みのために時計の進み具合も遅くなる、という現象です。この効果の精密な測定からも、相対性理論が正しいことが証明されています。たとえば地球表面上の時計と、高度2万キロメートルのところを飛ぶ人工衛星に搭載された時計では、時計の進み方がほんの少しだけ違います。もし2つの時計を正確に合わせてから1つを地表に置き、1つを衛星に載せて飛ばすと、相対性理論の効果によって一日あたり地上の時計が約40マイクロ秒だけ遅れます。100万分の40秒ですので、多くの人はどうでもよいと思うのではないでしょうか？

しかし、この微小な時刻の遅れをほうっておくと、じつは皆さんの車に搭載されているカーナビが正しく動作しなくなってしまいます。なぜならカーナビはGPS（Global

Positioning System）衛星の出す時刻情報を利用して位置を測っているからです。もしGPS衛星の時計が100万分の40秒ずれてしまうと、カーナビの位置情報にはじつに12キロメートル（＝光速度×100万分の40秒）も誤差が出てしまいます。つまり一般相対性理論を無視したGPSでは、ある日カーナビが正しく使えたとしても、次の日にはもう10キロメートル以上位置がずれてしまって使いものにならないのです。カーナビ以外でも、たとえば、ポケモンGOのような位置情報を用いるゲームもできなくなってしまいます。

もちろん実際のGPS衛星では相対論の効果をちゃんと補正してあります。このように私たちの日常生活においても、アインシュタインの一般相対性理論は縁の下でちゃんと役に立っているのです。

第4章

巨大ブラックホール発見前夜

宇宙がたくさんの銀河の集まりであることを認識するようになった人類は、そのなかでひときわ明るく輝く「活動銀河中心核」の存在に気がつきます。じつは、これが巨大ブラックホールの輝きだったのです。

20世紀初頭の相対性理論の誕生とシュバルツシルト解の発見によって、ブラックホールの理論的な基礎が出来上がりました。ほぼ時を同じくして、20世紀に入ると口径1メートルを超える大型の光学望遠鏡によって宇宙の観測が進み、人類の宇宙観が大きく変わり始めます。その流れの中で、巨大ブラックホールへとつながる銀河や活動銀河中心核という天体の研究がどのように進んでいったかを次に見ていきましょう。

大望遠鏡による星雲観測時代の到来

初めに、アインシュタインの一般相対性理論が発表された1915年ごろの人類の宇宙の理解がどの程度だったかを振り返ってみましょう。当時すでに惑星は海王星まで発見されていて、太陽系の惑星については今日と同じ描像が得られていました。一方で、太陽系以外の宇宙については現在に比べるとまだまだ未開の状況でした。たとえば、太陽系の外には恒星の世界が広がっていて、その恒星が無数に集まって直径10万光年にもおよぶ天の川（銀河系）を構成しています。そして天の川銀河の外には、アンドロメダ星雲（M31）のような、天の川と同じような別の銀河が無数に分布しています。このような現在の宇宙像は、アインシュタインの時代にはまだまったく確立されていませんでした。

20世紀初めの段階では、天体までの距離を測ることはたいへん難しく、星までの距離や天の川の大きさ、系外銀河の距離といった、宇宙の奥行きはほとんどわかっていませんでした。実際、恒星の距離は、わずかに太陽系から数十光年以内の星々について測られているだけでしたので、天の川銀河という概念もまだ確立されていませんでした。いわんや、銀河の中心に隠れている巨大ブラックホールに関する知識や研究も皆無であったのが実情です。

このような状況を変えていくのが20世紀前後に建設された口径1メートルクラスの（当時としては大型の）望遠鏡です。新しい大望遠鏡による観測が始まると、人類の宇宙観が劇的に変化します。特に、「星雲の正体は何か」を明らかにするために、これらの写真を撮ったり、星雲からやってくる光の波長（スペクトル）を測定したりするようになりました。そのような流れの中で、「銀河」が認識され、そして「銀河の中心部」が興味の対象となり、巨大ブラックホールの研究の基盤が作られていきます。

スペクトルの観測

「星雲とは何か」がまだわからなかった20世紀の初めは、まず星雲の性質を調べ、その正体を明らかにしようという研究が行われます。そのために重要な手段となったのが、「スペクトル」の観測です。「スペクトル」とは、星や銀河の光をさまざまな色に分けたものを指します。最もなじみのあるスペクトルの例は、雨あがりに見える「虹」です。太陽の光（白色光）にはさまざま

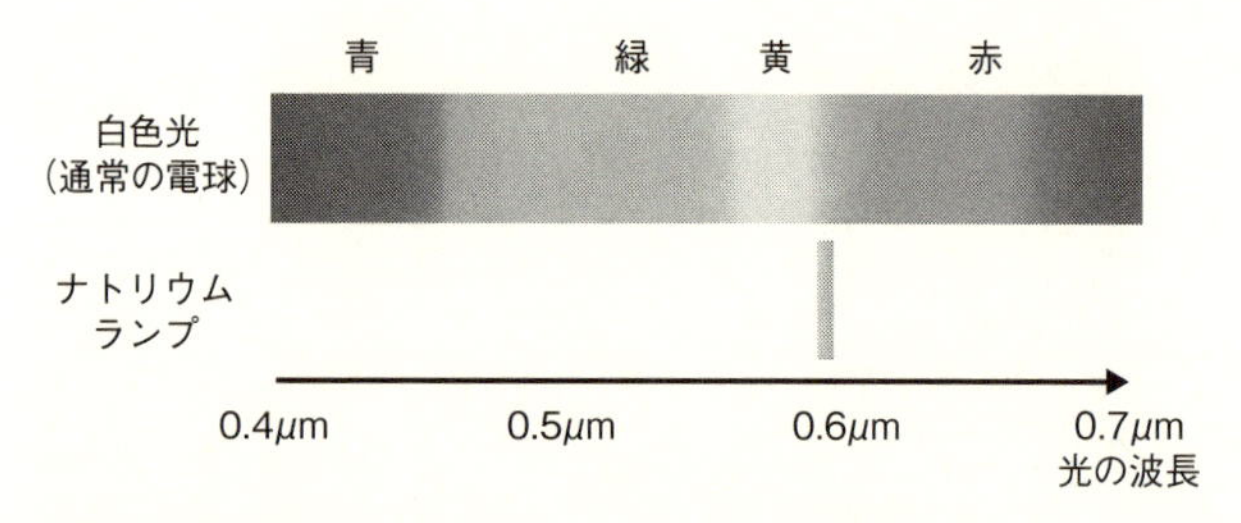

図4-1　光を波長に分けた「スペクトル」の例

上はさまざまな色が混じった白色光で、下はナトリウムランプのもの。後者ではナトリウム原子に特徴的な波長（0.59μm）の光のみが出ている。

な色の光が混じっていますが、雨粒に当たって光が屈折する角度は色ごとにわずかに異なるため、色が分離されて虹として見えるのです。

さて、光の性質をここで改めておさらいしておきます。光は、波長０・４ミクロンから０・８ミクロンくらいの電磁波で、波長が短いものが青色、長いものが赤色です。太陽のような星からの光には、さまざまな波長（つまりさまざまな色）の光が混じっています。これをいろんな色に分離してスペクトルとしてみると（図４－１）、天体の色に関する情報を得ることができます。また、スペクトルをさらに細かく分析すると、特定の原子から決まった波長で放射される「輝線」が見られることもあります。たとえば、トンネルの中に設置されているナトリウムランプは特徴的なオレンジ色に見えますが、これはナトリウム原子の出す０・５９ミクロンの輝線で光っているからです。このように、光を波長ごとに分けてスペクトルを観測する（これを分光観測とも呼びます）と、どのような原子があるかの情報も得ることができるのです。

さらに、輝線の波長を精密に測定すると、ガスの運動の情報も得られます。ガスの運動速度に応じて波長がわずかに変化するためです。これは、ドップラー効果と呼ばれる現象です。ドップラー効果の最も身近な例は、救急車のサイレンの音です。救急車が近づいてくるときにはサイレンの音が高く聞こえ、遠ざかるときには低く聞こえます。救急車のサイレンの音の高低をちゃんと測定すると、そこから救急車の速度を見積もることができます。おなじように、輝線の波長を精密に測定すると、その輝線を出しているガスの運動速度がわかるのです。

活動銀河中心核の発見

このようにいろんな情報が満載の「スペクトル」ですが、銀河のような星雲はとても暗いので、そのスペクトルを観測するのは容易でありません。直径1メートルを超えるような望遠鏡でも、条件の良い夜を何晩も使って観測しないと、有効なデータが得られないのが現実でした。

このように苦労を重ねながら星雲（銀河）の観測を続けていくうちに、天文学者たちは変わった星雲の存在に気が付きます。普通の星雲に比べて、中心部が特に明るく輝いているものがあるのです。「活動銀河中心核」（Active Galactic Nuclei: AGN）と呼ばれる天体です。巨大ブラックホールに関連する重要な天体になります。

図4-2　NGC1068（M77）の光学写真

中心部が少し周囲に比べて明るくなっている。史上初めて、活動銀河中心核の性質を持つスペクトルが取られた天体。（NASA/ESA/A. van der Hoeven）

活動銀河中心核を初めて分光観測してそのスペクトルを取得したのは、アメリカのエドワード・ファス（1880〜1959）という研究者です。彼はカリフォルニアのリック天文台の91センチメートル望遠鏡を使っていくつかの星雲のスペクトルを調べていました。彼が観測した天体はアンドロメダ星雲などの明るい渦巻星雲で、その多くは活動銀河中心核を持たない普通の銀河でした。しかし、その中にNGC1068（M77）という天体が含まれていました（図4－2）。写真ではややわかりにくいですが、この天体は中心部に周りに比べて明るい「核」を持っています。ファスはこの中心核のスペクトルを測定して、他の星雲と比べたところ、他と異なる性質を持つことに気が付きます。彼は1909年にリック天文台報に発表した論文で、他の天体と異なり明るい輝線が見えたことを報告しています。これが、「活動銀河中心核」というものを輝線の観測から捉えた最初の記録です。こののち20世紀後半に大きく開花する活動銀河中心核の観測的研究は、このファスの研究から始まったといってよ

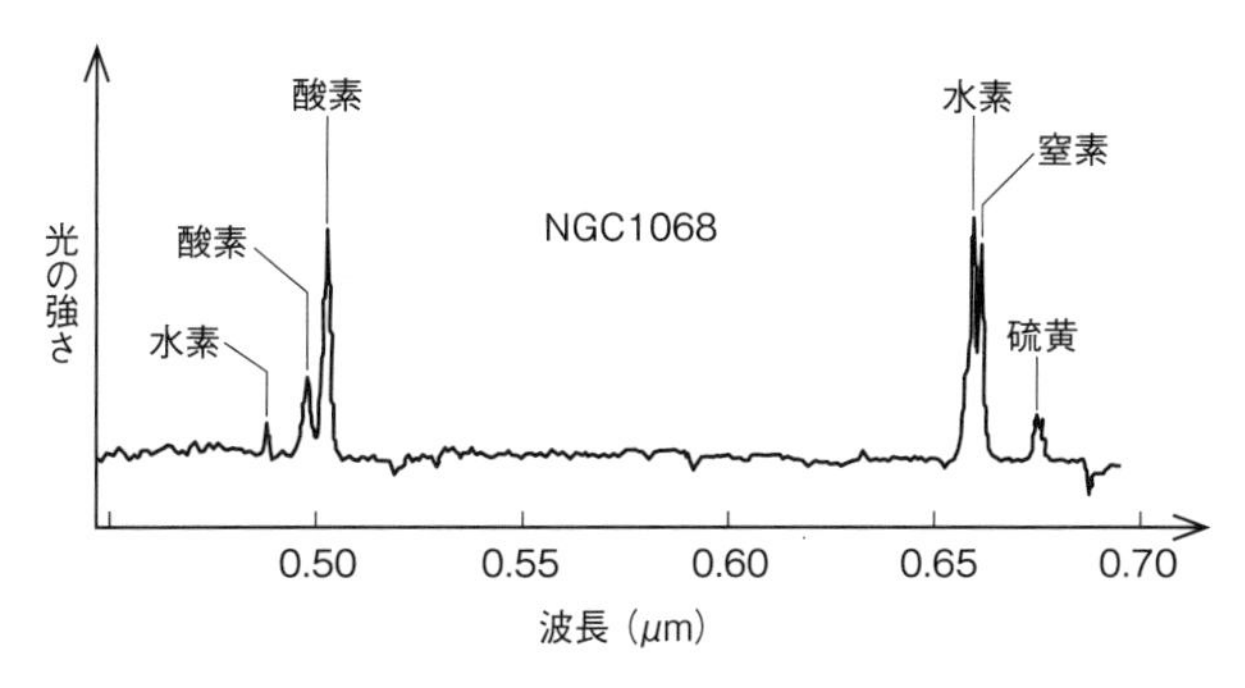

図4-3　NGC1068の光のスペクトル

電離した水素や酸素、窒素など、活動銀河中心核に特徴的な輝線が見える。

いでしょう。

熱く輝く活動銀河中心核

ファスの論文では、ＮＧＣ１０６８はいくつかの天体の一つとして観測しただけで、特に注目していたわけではありませんでした。一方この天体のスペクトルについて、さらに詳しい観測を行ったのが、米国ローウェル天文台の天文学者ベスト・スライファー（１８７５〜１９６９）です。スライファーはドップラー効果を使って星雲の速度を調べる研究を続けていました。その対象天体の一つとしてＮＧＣ１０６８についても詳しい観測を行ったのです。彼は自分自身の観測から、「ＮＧＣ１０６８の中心核に輝線がある」というファスの報告を確認しました。図４‐３にはＮＧＣ１０６８の光のスペクトルを示してあります。図に見られるように、水素や酸素、窒素などの輝線が観測されています。このスペクトルは太陽のような通常の恒星のスペクトルとは大きく異なっています（通常の恒星では輝線の強度がマイナスである「吸収線」が見られます）。これらの輝線はいずれも、高温で電離された原子から出されるものです。ですので、これらの輝線の観測から、この領域が1万度を超えるような高温状態にあることがわかります。

さらにスライファーは水素の輝線が、他の星雲と比べて幅が広がっていることも見つけました。線幅が広いのは、ガスの速度が大きく、ドップラー効果のために波長が広がって見えるからです。このように、活動銀河中心核は、周囲より明るく温度が高く、さらにはガスの運動速度も大きいという、たいへん活動性の高い領域になります。スライファーはNGC1068の良質なスペクトルを取得することで、活動銀河中心核の基本的な特徴をしっかりと捉えることに成功したのです。

銀河の運動速度

少し話はそれますが、スライファーは、NGC1068だけでなく多くの渦巻星雲のスペクトル観測を行っています。彼の興味は、ドップラー効果を用いて、これらの星雲がどれくらいの速度で太陽に対して動いているかを測ることでした。1912年にはアンドロメダ星雲（後に系外銀河と認識されますが当時は正体不明）の速度を測ったのを皮切りに、上で述べたNGC106

8も含めて、多くの渦巻星雲の速度を測定します。そして1915年の論文では、これらの星雲の多くが我々から遠ざかっていくことを報告しています。事実、彼が観測した15個の星雲は、唯一の例外であるアンドロメダ星雲を除けば、いずれも太陽系から離れていくような運動速度を示しており、その平均は毎秒300キロメートルにもおよんでいました。これは後の「宇宙膨張の発見」につながる重要な結果です。ただ、スライファーが観測していたころには、これらの星雲の距離や正体がわかっていませんでしたし、またアインシュタインの一般相対性理論がようやく完成されようかという時期でしたので、星雲の運動が宇宙膨張と関連して考えられるようになるのはもう少し後になってからのことです。

スライファーはさらに星雲の速度の測定を続け、一部の星雲（現在渦巻銀河として知られているもの）が回転していることも突き止めています。銀河の中心を境にして、渦巻銀河の一方が私たちに近づき、他方が遠ざかることを観測から見出したのです。このような回転は、銀河の重力と回転の遠心力が釣り合って起きています。ちょうど太陽の周りを地球が回転することで、太陽の重力と釣り合って同じ軌道上をずっと公転していられるのと同じです。ですので、このように回転を測定することで、銀河の質量を推定することができます。

実際スライファーが先鞭をつけた銀河回転の研究は、20世紀後半になると、銀河の中に「暗黒物質」という光を出さない未知の物質が存在することを示す重要な証拠となります。また、「回転速度を用いて見えない質量を観測する」という観点では、スライファーが測定した銀河回転の観測は、ブラックホールの質量決定にもつながっていきます（それが実現するのはずっと後になってからですが）。このように、その後100年にもわたって使われ続ける天文学的手法を確立したことも、スライファーの大きな功績であるといえるでしょう。

宇宙ジェットの発見

20世紀初期の「活動銀河中心核の発見」とほぼ同時期に、巨大ブラックホールに関わる重要な発見がもう1つありました。それは「宇宙ジェットの発見」で、ヒーバー・カーチス（1872〜1942）によるものです。

カーチスも米国の天文学者で、1902年からリック天文台で研究をしていました。リック天文台にはファスがNGC1068を観測する際に用いた口径91センチメートルの望遠鏡があり、カーチスもこの望遠鏡を用いてたくさんの星雲を観測していました。すでに説明したように、スライファーによる星雲の後退速度（遠ざかっていく速度）や回転速度の測定が行われていた時代です。カーチスはその正体の解明を目指して、たくさんの星雲の写真を撮影していきました。

彼が1918年にリック天文台報に発表した論文には、762個もの天体について91センチメートル望遠鏡の観測結果がまとめられています。その中で彼は、おとめ座のM87星雲について、

「とても明るい星雲で、渦巻きはない（略）、星雲の中心から不思議な光線が出ている」、と記述しています。この「不思議な光線」こそが、M87の中心にある巨大ブラックホールから出ているジェットなのです。

図4－4はハッブル望遠鏡で見たM87の光学写真になります。この図では銀河の中心部から右下に向かって直線状にその「光線」が出ています。

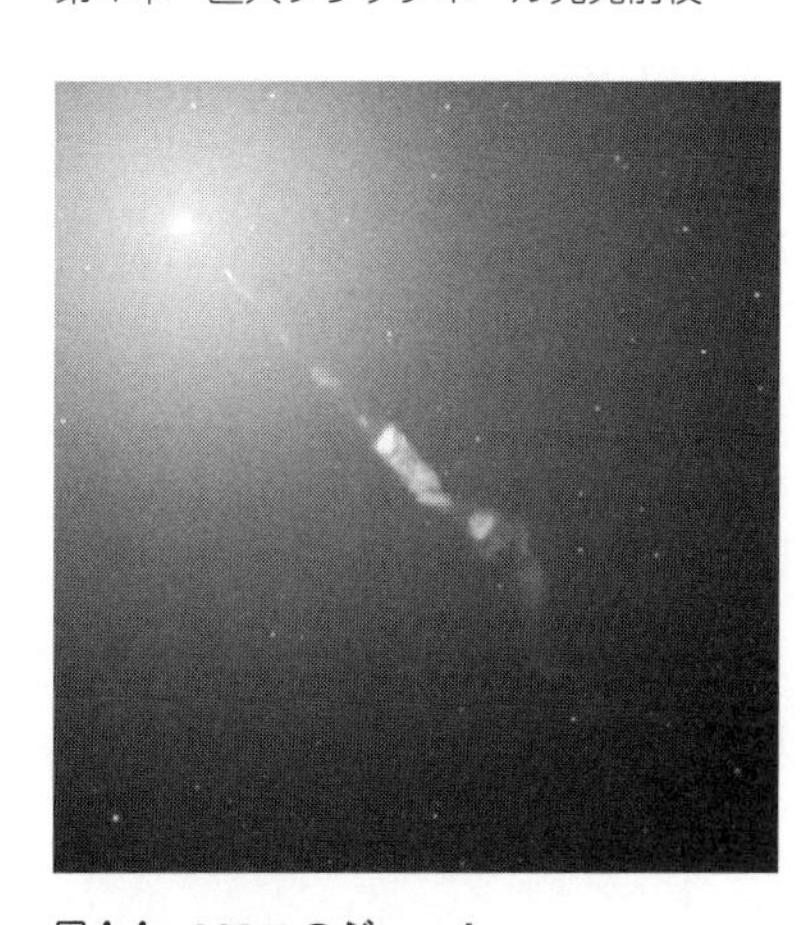

図4-4　M87のジェット

ハッブル宇宙望遠鏡により撮影されたもの。
(NASA and The Hubble Heritage Team)

当時の望遠鏡ではここまで鮮明な画像は得られなかったのですが、これがカーチスの発見した「不思議な光線」です。ただし、カーチスの論文は彼が観測した762もの天体についての特徴をまとめたものなので、それぞれの天体については数行程度ずつの記述があるにすぎません。ですので、カーチスはこの「不思議な光線」についてもそれ以上詳しいことは何も記述していません。しかし、この数行の報告が、巨大ブラックホールに関連した「ジェット」を初めて直接的に捉えた記念碑的なものといえます。

なお、このM87という天体は、本書の主題である巨大ブラックホールの研究において、現在注目度の最も高い天体の一つです。現在も頻繁にいろいろな波長の望遠鏡で観測されますし、本書の中でもこれからたびたび登場します。そして、うまくいけば、近い将来ブラックホールを「黒い穴」として初めて撮影できるのも、この天体かもしれません。このような巨大ブラックホール研究の重要天体であるM87の研究の原点も、カーチスの1918年の論文にあります。

星雲とは何か

ところでカーチスがM87から出るジェットを見つけた時点では、まだM87も含めて星雲という天体が何かということがわかっていませんでした。たとえば、星雲として有名なものに、アンドロメダ星雲M31や、さんかく座の星雲M33（図4－5）などの渦巻星雲があります。天体写真が好きな方は必ず見たことがある有名な天体です。天文学が大いに発展した現在では、「これらの渦巻星雲は、天の川銀河とは別の銀河である」と私たちは知っています。銀河とは星が集まった天体で、天の川銀河もそのような天体の一つであり、アンドロメダ銀河M31やさんかく座のM33なども、天の川銀河とは別の銀河になるわけです。しかし、今話を進めている20世紀初頭には、このような銀河の認識がまだ確立されていませんでした。なぜなら当時は、星雲までの距離を求めることがとても難しかったからです。そのため、活動銀河中心核や宇宙ジェットがどれくらいの明るさやエネルギーを持つのか、ということも当時はまったく未知でした。もちろん、これらが巨大ブラックホールと関係していると想像することも難しかったでしょう。

巨大ブラックホールの観測的な研究を人類が進める上でまず必要だったのは、「星雲とは何か」、「銀河とは何か」、の理解でした。じつはここでも、宇宙ジェットの発見者であるカーチスが大きな役割を果たしました。それが天文学史上に残る「大論争」（英語名で〝Great Debate〟）です。これは１９２０年に米国で行われた公開討論会で、この論争の命題は「宇宙の広がりはどれくらいか？」でした。

ここで争点になったのは、当時正体がわからなかった渦巻星雲までの距離です。この討論会では２つの対立する説が発表され、激しい議論が戦わされました。１つ目の説は、アンドロメダ星雲のような渦巻星雲は天の川よりもずっと小さくて近くにあり、天の川の中に属する天体であるという説です。もう一つの説は、渦巻星雲は天の

図4-5　すばる望遠鏡が撮影した、さんかく座の渦巻星雲M33

20世紀初めの段階では、このような渦巻星雲の距離も正体も不明だった。（国立天文台）

図4-6 「大論争」の主人公、シャープレー（左）とカーチス（右）

星雲の正体を巡って討論が行われ、その正体を明らかにする契機となった。(SPL/PPS)

川の星々よりもずっと遠くにある、天の川とは別の天体である、という説です。1つ目の説を主張したのがハーロー・シャープレー（1885～1972、図4－6左）でした。そして、2番目の説を主張したのが、宇宙ジェットの発見者でもあった、カーチス（図4－6右）です。

現代に生きる私たちは、この論争の答えをすでに知っています。もちろん正しいのは後者のカーチスの説です。カーチスが唱えたように「渦巻銀河は、天の川銀河とは別の銀河」なのです。しかし、この論争当時は、カーチスの主張の方がじつは旗色が悪かったのです。実際、シャープレーはその論争の中で、彼の主張を裏付ける「有力な証拠」を提示します。その証拠とは、オランダ出身の天文学者、アドリアン・

ファン・マーネン（1884〜1946）によるM33などの渦巻星雲の回転の観測結果でした。ファン・マーネンは、数年間おいて撮影された渦巻星雲の写真を比較し、「その回転する様子を捉えた」と主張したのです。もしこの結果が本当なら、渦巻星雲はとても近い天体でなければいけません。たとえば、同じ速度で走っている電車でも、目の前を通過する電車は見かけの動きがすごく速いですが、はるか遠くを走っている電車は、見かけの動きはゆっくりです。これと同じ理屈で、渦巻星雲の回転運動が観測されるためには距離がある程度近くなくてはいけないのです。

当時この結果を突き付けられたカーチスは、苦しい立場に追い込まれました。しかし最終的には「渦巻星雲が回転する様子を捉えた」というファン・マーネンの観測が誤りであることが判明し、カーチスの主張が正しかったことが後に証明されます。

銀河宇宙の確立

このような混沌とした状況に決着をつけ、人類の宇宙観を大きく変革させたのがエドウィン・ハッブル（1889〜1953、図4－7）です。ハッブルはウィルソン山の2・5メートル望遠鏡という当時世界最大の望遠鏡を駆使して、星雲の観測を行っていました。彼が特に力を注いだのが、渦巻星雲までの距離の測定です。これらの天体までの距離がわかれば、渦巻星雲が天の

図4-7　宇宙膨張の発見者、エドウィン・ハッブル

彼の観測により、渦巻星雲は天の川銀河とは別の銀河であることが確定した。

川の中にあるのか、それとも外にあるのかがはっきりします。これによって、渦巻星雲の正体を解き明かすことを目指していたのです。

この目的のため彼が用いた天体が、セファイド型変光星という変光星の一種です。セファイドは、星自身が周期的に膨張と収縮を繰り返す、脈動型の変光星です。セファイドが脈動する周期は星の明るさと関係しており、明るい星ほど周期が長いという性質を持ちます。これは「周期―光度関係」と呼ばれます。

この関係は、天文学において星までの距離を決めるのに特に重要です。なぜなら変光星の周期を測ると、周期―光度関係を通じてその星の真の明るさを推定することができるからです。そして、真の明るさがわかっている星では、見かけの明るさとの比較から、その距離を求めることができます。ハッブルはこのような方法を使って星雲までの距離を求めたのです。

ハッブルは、アンドロメダ星雲を始めとする多くの渦巻星雲の中に、セファイド型変光星を見つけて周期を測ることに成功します。その結果得られた渦巻星雲までの距離は、天の川銀河の大きさをはるかに超えるものでした。たとえば天の川銀河の直径はおよそ10万光年ですが、ハッブルが求めたアンドロメダ星雲までの距離は、約100万光年になりました。これは現在知られている250万光年という値に比べると半分以下ですが、それでも天の川銀河の広がりよりも一桁大きな値です。したがって、アンドロメダ星雲が天の川銀河に所属する天体であるという可能性は否定されます。さらにこの星雲までの距離と、観測される見かけの大きさから、アンドロメダ星雲の大きさも求まりました。アンドロメダ星雲は、大望遠鏡で観測できる淡い部分も含めるとその差し渡しが角度にして3度くらいあります（満月6個分の幅です！）。先ほど求めた距離とあわせて星雲の大きさを見積もると、その大きさは天の川銀河の広がりと同程度の5万光年程度となります。

この結果からアンドロメダ星雲は、天の川の外にあり、天の川銀河と同じくらいの大きさを持った別の銀河だということが確定したのです。ハッブルは他にもいくつかの渦巻星雲までの距離を測り、いずれも天の川銀河の外に位置する、別の銀河であることを明らかにしています。こうして、1920年代後半に、天の川銀河と系外の銀河の関係が明らかになり、太陽のような恒星が集まって銀河を成し、そのような銀河が宇宙には無数に分布しているという、現代の宇宙像が確立されたのです。これは、活動銀河中心核や巨大ブラックホールの研究にとっても重要な基礎となります。

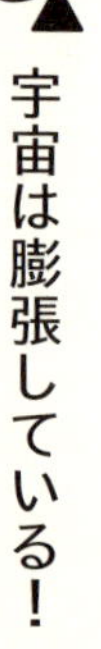

宇宙は膨張している！

ハッブルによる星雲の距離測定と銀河の認識は、それだけでも同時代の人類の宇宙観を大きく変えるものでした。ところが、彼の研究はさらに衝撃的な発見をもたらします。それは現代宇宙観の根幹をなす「宇宙膨張」です。ハッブルがセファイドを用いて銀河の距離を測ったことはすでに説明しました。彼はさらに、銀河までの距離と観測される銀河の運動速度の関係を調べたのです。その結果、驚くべきことに、遠い銀河ほど速い速度で遠ざかっている、という結論が得られたのです。これは宇宙が膨張していることを示しています。

たとえば、風船を宇宙だと思って風船の表面に銀河をたくさん描いてみます。この風船にさらに空気を吹き込んで膨らますと、銀河と銀河の間は広がっていきます（図4－8）。このときの広がり方は、遠い銀河ほどどんどん離れていくので、ハッブルの観測結果と同じになります。このように、ハッブルは星雲の正体を観測的に追いかけた結果、その正体が銀河であると突き止めただけでなく、宇宙そのものが膨張しているという大発見をしたのです。

宇宙は膨張している――日常の感覚からは容易に受け入れがたい、驚くべき発見です。これは現代における標準的な宇宙像になっていますが、現在に生きる私たちでも、宇宙が膨張しているとはなかなか信じがたいものです。そのようなことを今から90年も前に示したわけですから、当

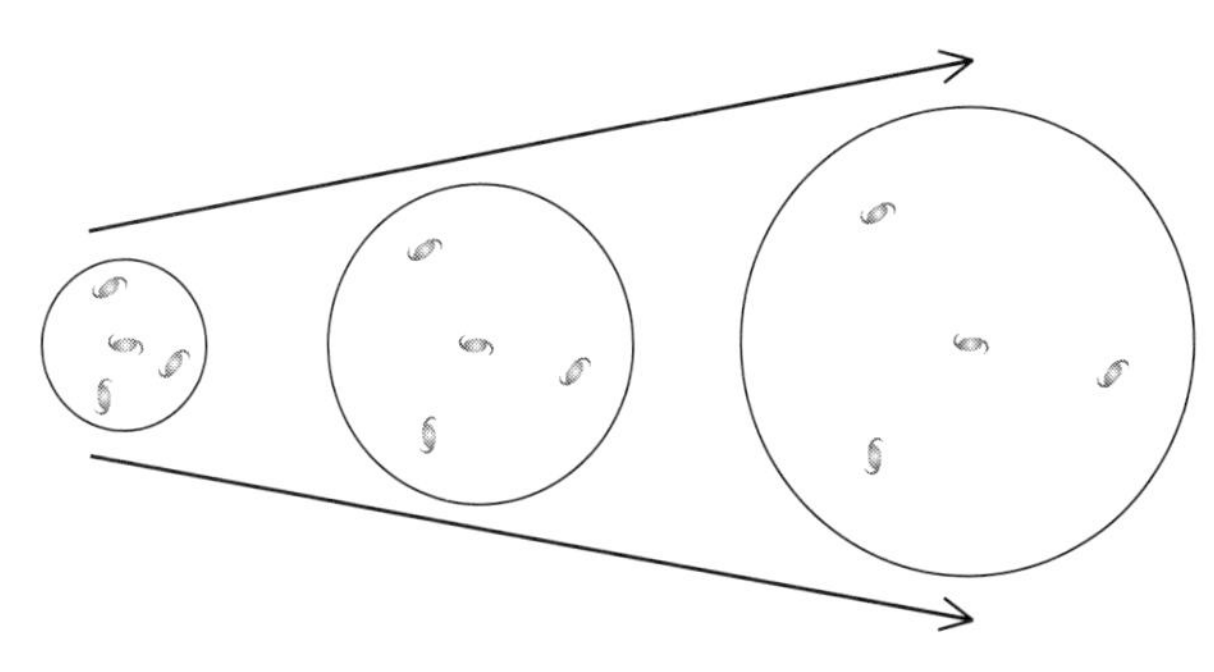

図4-8　**宇宙膨張の模式図**

宇宙には天の川銀河のような銀河が無数にあり、それが互いに遠ざかりつつある。

時の人の驚きようは、ちょっと想像がつきません。当時の一般的な宇宙像は、「宇宙には始まりもなければ終わりもない」、「宇宙は永劫不変でずっと変わらずに存在する」というものでした。

たとえば、アインシュタインは、相対性理論に基づき時間とともに膨張する宇宙像を導いたものの、当のアインシュタイン自身がそれを信じることができなかった、という話はすでに書きました。アインシュタインのような優れた科学者でさえ「宇宙は静止しているはず」と信じて疑わなかったのですから、いかにハッブルの宇宙膨張の発見が衝撃的だったかがわかると思います。

なお余談ながら、これだけ大きな発見をしたハッブルですが、ノーベル賞は受賞していません。宇宙膨張の発見は間違いなく20世紀の科学における最大の発見の一つですし、人類の科学史上でも最も偉大なものの一つであると筆者は思います。しかし、当時はノーベル物理学賞が天文学を対象としていなかったこと、さらには、ハッブルが１９５３年に63歳で亡くなってしまったことなどが重なって、彼の受賞は実現しませんでした。現在では天文学・宇宙物理学もノーベル物理学賞の対象で、この分野の受賞者もたくさんいますので、ハッブルがもう少し長生きしていたら結果は違っていたことでしょう。

活動銀河中心核とセイファート銀河

これまで見てきたように、スライファーやハッブルらの活躍によって、「銀河宇宙」や「膨張宇宙」という概念が確立されました。太陽のような恒星が集まって銀河を構成し、そのような銀河が宇宙には無数に散らばっていて、それらは宇宙膨張によって互いに遠ざかっています。このような概念が確立されると、今度は銀河のより詳細な性質が研究対象となり、銀河の中心部で明るく輝く活動銀河中心核も興味の対象として認識されるようになります。

すでに述べたように、１９１０年ごろにはファスやスライファーがＮＧＣ１０６８の中心部を分光観測し、他の銀河とは異なる「活動性」を示すことを明らかにしています。一方、このような銀河の中心核のスペクトルが多くの天体について観測され、系統的に調べられるようになったのは、さらに少し時間が経った１９４０年代になってからのことです。

そのような研究で先駆的な役割を果たしたのは、米国の天文学者カール・セイファート（1911〜1960）です。彼はNGC1068と同様に、中心部で活動性を示す天体を10個以上観測しました。そして、輝線の幅に基づいて、これらを2つの型に分類しました。具体的には、速度幅で秒速1000キロメートル以上の広がりを占めるものがセイファート1型、それ未満のものが2型です。活動銀河中心核の観測がその後さらに進むと、さまざまな種族の存在が明らかになっていきますが、その草分けとなる最初の研究がセイファートによる分類といってもよいでしょう。彼の観測によって、活動銀河中心核の系統的な研究が始まったのです。このような功績から、比較的近傍の銀河で中心核の活動性を示すものを総称して「セイファート銀河」と呼んでいます。また、輝線幅による1型、2型の分類も現在でも重要な分類として使われ続けています。

しかし、セイファートの時代の活動銀河中心核の観測的研究は、あくまでスペクトルなどの観測的性質に基づいた分類が中心で、その活動性の物理的原因、特に巨大ブラックホールとの関係については、まだわからない状況でした。活動銀河中心核の活動性が巨大ブラックホールに関連しているらしいと考えられ、その研究が大きく進展するにはさらに20年程度の月日が必要でした。

第 5 章

新しい目で宇宙を見る
——電波天文学の誕生

それは、今から 80 年前、ある電波技師の偶然の発見から始まりました。その後、電波天文学は急速な発展を遂げ、巨大ブラックホールの存在を解き明かすための重要な手段となっていきます。

光の観測によって銀河と宇宙の認識が打ち立てられようとしていたちょうどそのころ、天文学では新たな潮流が誕生します。それは、可視光線でなく、電波で宇宙を観測するという、「電波天文学」です。1931年に宇宙から電波がやってくることが発見され、人類は宇宙を調べる新たな手段を獲得します。光で観測する天文学は人類の誕生以来続く非常に古い学問分野ですが、それに対して電波天文学は、20世紀に誕生したまだ100年にも満たない非常に若い研究分野です。にもかかわらず、その誕生から今日にいたるまでの発展は、まさに「すさまじい」速さで進んだといってよく、このような宇宙を見る新しい「目」の誕生が、20世紀の巨大ブラックホール研究を劇的に進展させることになります。

ジャンスキーによる宇宙電波の発見

電波天文学の最初の1ページを開いた人物は、カール・ジャンスキー（1905〜1950、図5－1左）です。彼は天文学者ではなく、米国のベル研究所で無線通信の研究をしていた電波技師です。ジャンスキーは当時無線通信に影響を及ぼす雑音の研究をしていました。無線通信の質を劣化させる雑音の要因の一つが雷だったために、彼は雷によってどれくらい電波が出るかに注目して観測を進めていました。彼は、図5－1（右）にあるような「電波望遠鏡」を使って、波長約15メートルの電波を観測していました。この電波望遠鏡は円形のレールの上にのっている

図5-1　電波天文学の父、カール・ジャンスキー（左）とジャンスキーが使っていた電波望遠鏡（右）

1931年にジャンスキーがこの望遠鏡で宇宙からやってくる電波を偶然に捉えたことから「電波天文学」が誕生した。(NRAO/AUI)

ので、回転させることができ、いろいろな方向からの電波を観測することができました。

ジャンスキーはこの「電波望遠鏡」を用いた測定から、興味深いことに気が付きます。雷に起因すると考えられる電波とは別に、ある特定の方向から強い電波がいつもやってきているのを見つけたのです。興味を持った彼はさらに観測を続けます。その電波源は、最初は太陽の方角にあったので、当初は太陽から来ている電波ではないかと彼は考えました。しかし、その電波がやってくる方向を何日も観測すると、一日に4分ずつ電波源の南中する時刻が早まっていきます。一日に4分ずつ南中が早まるのは、夜空の星とまったく同じです。これは地球が太陽の周りを1年かけて1周しているから起きる現象です。1年で1周するために星の南中時刻は1年かけて24時間分ずれ、24時間／365日＝約4分／日となります。

電波の強い方向と星や星座の動きとが同じということは、電波源が星座のように天球上に固定されていることを意味します。すなわち電波源は太陽や太陽系の惑星ではなく、恒星かそれ以上遠い天体になります。事実、後で判明するところでは、彼が観測したのは天の川の高温ガスから出る電波でした。この発見こそが、人類が宇宙からやってくる電波を最初に捉えた瞬間です。1931年のことでした（論文の発表は1933年）。この後、電波天文学の観測から多くの重要な発見が生まれることになります。ちなみにジャンスキー自身の仕事はあくまで無線通信における雷の影響に関するものでしたから、この大発見にもかかわらず、彼はこれ以上電波天文学の研究を行うことはありませんでした。雷は無線に大きな影響を与えないことが確認されると、彼の電波技術者としての仕事は完了したのです。

電波強度の単位ジャンスキー（Jy）

偶然とはいえ「宇宙電波の発見」を成し遂げたジャンスキーの偉業をたたえるために、電波天文学の世界では、「ジャンスキー」（Jyと書きます）という単位を電波の強さを表すのに使います。高校や大学の物理で推奨されるSI単位系（重さはキログラム、長さはメートル、時間は秒、などの標準的な単位系）に直すと、$1\mathrm{Jy} = 10^{-26}\mathrm{W/m^2 \cdot Hz}$という値になります（$10^{-26}$は、1の後に0を26個並べた数で1を割った数）。Wはワットで、電力の単位です。また、Hzはヘルツという周波数の単位で、波が1秒間に何回振動するかを表します。ラジオのチューナーで、kHz（キロヘルツ）やMHz（メガヘルツ）などの単位が使われているのをご存じの方も多いでしょう。

電波の強さの単位であるジャンスキー（Jy）は、1平方メートルの面積を持ったアンテナが1ヘルツの周波数幅あたりに受け取る電力を表すもの、ということができます。１Jyの天体は、電波天文学の感覚でいえば比較的明るい天体になります。しかし、通常の単位系で書くと10^{-26}W/m^2・Hzというきわめて小さい数になることからも、天体から来る電波の強さは桁違いに弱いことがわかります。

参考までに、宇宙から来る電波と、我々の日常生活で使っている電波の強さを比較してみましょう。我々が日常的に使っている電波を出す装置といえば携帯電話です。携帯電話は出力が１W程度です。これは日常使っている電化製品の中でもかなり小さな電力です（たとえば、熱を大量に出すドライヤーや電子レンジなどは、８００Ｗくらいの電力を消費します）。このような弱い電力しか消費しない携帯電話を仮に月におき、それを地球から見たとしましょう。このとき、月におかれた携帯電話は他の天体と比べてもかなり明るい電波源として観測されることになります。それくらい人工電波は強いですし、逆にいえば天体の電波はそれだけ弱いものなのです。

ですので、月どころか地球上のさまざまな通信施設からの電波が飛び交っている現在では、周波数によっては電波天文の観測が難しくなりつつあります。このため、電波天文観測で使う周波数帯を保護する「電波保護」という概念がとても重要になっています。日本では総務省が電波周波数の割り当てを管理していて、天文学者も他の通信業者などと連絡を取りながら、観測ができなくなることがないように調整を進めています。また、電波望遠鏡のある観測所では、携帯電話のスイッチを切ることが奨励されているところもあります。これは、人工電波が電波望遠鏡に漏れ込んで、偽の信号を作ってしまうのを防ぐためです。

電波天文学を興したリーバー

ジャンスキーが宇宙から来る電波を発見した後、宇宙を電波で詳しく観測して「電波天文学」として発展させたのが、米国のグロート・リーバー（1911〜2002）です。彼もまたジャンスキーと同様に電波技師でした。リーバーは1933年のジャンスキーの宇宙電波発見の報告を聞いて非常に興味を持ちました。そして当時著名だった複数の天文学者に手紙を書き、「もしあなたがこれから電波天文学を研究するなら、その必要な装置の作製に協力したい」と提案しました。ところが、当時ジャンスキーの発見の重要性を理解していた天文学者は皆無だったので、誰からも色よい返事がもらえませんでした。それでも宇宙から来る電波への興味を失わなかったリーバーは、電波技師としての能力を活かし、なんと自宅の裏庭に直径9メートルの電波望遠鏡を自分で作ってしまいます（図5－2）。ジャンスキーの発見から6年後の1937年のことでした。いくら趣味が高じても、電波望遠鏡を家で作ってしまう人はなかなかいないと思いますが、電波技師としての仕事を続けながら空いている時間でこれを作っていたというのですから頭が下がります。写真にあるように、先ほどのジャンスキーのもの（図５－１）とは変わって、リーバーが作った電波望遠鏡は、今日私たちが目にする望遠鏡に近いもので、鏡面にもパラボラ形状が用いられています。

彼はこの望遠鏡を用いて、空のあらゆる方向からの電波の強さを測定しました。このように空の大きな領域を見る観測を、「サーベイ観測」といったり「掃天観測」と呼んだりもします。読者の皆さんが部屋を掃除する場合には、床を場所ごとに区切って順々にほうきや掃除機で掃除していくと思います。それと同じように空の領域を少しずつ順々に測定していくので「掃天」といわれるのです。これによって、リーバーは初めて、電波で宇宙の「地図」を作りました。図５－３がそれです。

図5-2　リーバーが自宅に作製した電波望遠鏡

この望遠鏡で彼は宇宙から来る電波の方向と強度を測定した。(NRAO/AUI)

この地図の大きな特徴は、空にある

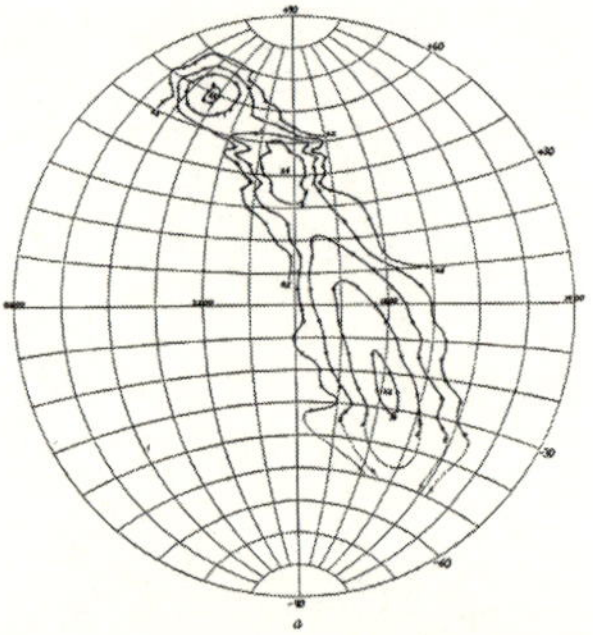

図5-3　リーバーが作成した電波強度の全天地図

帯状に見えるのが天の川から来る電波を表す。中央右下の最も電波の強い部分が天の川の中心部で、ここに巨大ブラックホールが潜んでいる。

「帯状の領域」から電波がたくさん放射されていることです。読者の皆さんもお気づきと思いますが、これは天の川です。つまり、天の川は肉眼で見える可視光線だけでなく、電波でも「川」のように帯状に光っているのです。この電波は、天の川銀河の星間空間に漂っている宇宙線（エネルギーの高い粒子）から出ているものです。またリーバーは、天の川だけでなく、それ以外に、いて座、はくちょう座、カシオペア座などに強い電波を出す天体を発見しています。

これらの発見にはその後の天文学、とりわけ巨大ブラックホールの研究にとってたいへん重要なものが含まれています。たとえば、いて座の電波天体は、天の川の中で最も電波が強い領域に対応していて、じつはこれが銀河系の中心領域になります。この方向の電波源は後に「いて座A」と呼ばれるようになり、その後さらに詳細な観測が進むと、いて座Aの中に銀河系中心の巨大ブラックホールが潜んでいることが明らかになっていくのです。

また、はくちょう座の電波源は、後にはくちょう座Aと呼ばれることになる天体です。これは天の川銀河とは別の銀河の巨大ブラックホールで、この天体も巨大ブラックホールの研究で重要な天体です。一方、カシオペア座の電波源（後のカシオペアＡ）は、ブラックホールとは直接関係ありませんが、これは超新星爆発の残骸からの電波放射です。この天体は今から３００年ほど前に起きた超新星爆発の残骸です。爆発によって吹き飛ばされたガスが、いまも膨張しながら少しずつ冷えていて、その過程で強い電波を出しているのです。

このように、リーバーは、天の川銀河からの電波放射を詳しく調べただけでなく、巨大ブラックホールや超新星残骸など、後の天文学で研究対象となる興味深い天体を電波で発見しています。まさに電波天文学の「開拓者」と呼ぶのにふさわしい活躍でした。

ピンボケ写真から始まった電波天文学

リーバーが成し遂げたのは、これらの天体から電波が来ることの発見であって、その天体の正体が解明されるのは、それから何十年も後になってからになります。そこまで時間がかかった最大の理由は、リーバーが観測していた当時の技術では、電波望遠鏡の視力が非常に悪かったからです。いわばピンボケ写真のような状態で電波の観測は始まったのです。

ここで望遠鏡の視力の話をしましょう。「視力」とは細かくものを見分ける力をさします。「視力が良い」ということは、より小さな角度を見分けられることです。たとえば、私たちは視力検査で「Cの字」（ランドルト環と呼ばれます）の向きを見分ける作業をします。このとき、より小さいCの字の向きを見極められる人が、より視力が良いことになります。

さて、数式が出てきてちょっとだけ難しくなりますが、望遠鏡が見分けることのできる最も小さな角度、あるいは「分解能」は、

$$\theta \sim \frac{\lambda}{D}$$

という式で表されます。ここで、λは電磁波の波長を表し、Dは望遠鏡の口径を表します。また、〝〜〟の記号は大体等しい、ということを示します。この式は、電波でも光でも、電磁波で観測する限りは共通です。実際、この関係式は人間の目にも当てはめることができ、人間の視力の限界もこの式で決まります。

実際にこの式を人間の目に当てはめてみましょう。人間が普段目で見ている可視光線は波長がおよそ0・5ミクロンです。一方、目の瞳孔の大きさは明るさによっても変わりますが、平均的にはおよそ5ミリメートルくらいです。この比をとると、$\theta \sim \lambda / D \sim 1/10000$となります。この式で得られる分解能は、「ラジアン」という単位になります。ラジアンというのは、1回転を2π＝約6・28と定義した角度です。日常で良く使われる「度」は、1回転が360度ですので、1ラジアンは360／2π＝約57度ということになります。ですので分解能1万分の1ラジ

アンは、約0・0057度、あるいは約0・3分角となります（1分角＝60分の1度）。

一方、人間の視力は、1分角が見分けられる人が視力1で、視力は見分けられる角度に反比例します。細かいものが見分けられる人は視力が大きく、視力が大きい人は目の良い人になります。右の関係式を使うと、人間の瞳は最大0・3分角が見分けられるので、視力は約3になります。これが人間の瞳の大きさから決まる、理論上最も高い視力です。実際、視力検査でも目の良い人の視力は最大2くらいまでで、視力が5という人はいませんね。このように人間の視力の限界も先ほどの分解能の式で決まっています（なお、筆者も含めて目の悪い人はこの視力には届きませんが、それは目の中の構造など別の理由に起因しています）。

さて、電波望遠鏡の視力の話に戻りましょう。リーバーの望遠鏡は口径が9メートルでした。一方、リーバーが天の川を観測した電波の周波数は160メガヘルツで、これを波長に直すと1・9メートルになります（波長×周波数＝光速度、すなわち周波数と波長をかけると光速度になる関係から求まります）。この口径Dと波長λを用いて分解能を計算すると、θは約12度という値になります。

この分解能は、現代天文学の感覚からすれば「とても観測する気がしない」くらい悪い値です。実際、この分解能は人間の視力よりはるかに悪いのです。すでに述べたように、人間の視力は1前後です。筆者は乱視がひどく普段はコンタクトレンズを使っていますが、レンズをはずすと視力が0・1くらいになってしまいます。視力0・1だと、もちろん車の運転も危なくてできませんし、日常生活にもかなり支障が出ます。では、リーバーの望遠鏡の視力はいくらかといえば、その値はなんと0・0014です！　目の良い人に比べて1000分の1の視力に過ぎません。人類が得た最初の電波写真（図5－3）は、まさにピンボケ写真のような代物だったのです。

念のためですが、電波望遠鏡の視力が悪かったのはリーバーのせいではありません。すべては先に書いたとおり$\theta \sim \lambda / D$の式で決まってしまうので、波長が長い電波で観測すれば、見分けられる角度θが大きくなってしまうのは当たり前のことなのです。たとえば、リーバーの電波望遠鏡は直径9メートルでしたが、これは偶然にも現在地上で最も大きな光の望遠鏡とほぼ同じレベルです（たとえば国立天文台のすばる望遠鏡の主鏡は直径8・2メートルです）。しかし、波長1・9メートルの電波と、波長0・5ミクロンの可視光線では、波長が約400万倍も違います。したがって、同じくらいの大きさの望遠鏡で観測しても、可視光線の場合には、電波に比べてはるかに高い視力が得られます。

このように、リーバーが開拓した当時の電波天文学は、非常に視力の悪い状態から始まりました。それにもかかわらず、リーバーは天の川銀河から出る電波の地図を作ったり、巨大ブラックホールとも関係する重要な電波天体を発見したりと、天文学に大きな足跡を残しました。そして、この後、電波天文学は急速な技術的進歩を遂げ、視力が向上していきます。事実、その後の

80年程度の間に、電波望遠鏡の視力はリーバーの時代に比べて10億倍にもなっていくのです。

電波干渉計の登場

ピンボケ写真しか撮れなかった電波天文学を劇的に変えたのが、電波干渉計です。干渉計とは、小さな望遠鏡を多数並べて、それらを組み合わせることで、大きな電波望遠鏡と同等の機能を合成する手法です（図５－４）。先に述べた$\theta \sim \lambda / D$の式で観測波長λを固定してしまうと、視力を上げるには（θを小さくするには）、望遠鏡の口径Dをできるだけ大きくするしか方法がありません。しかし、大きな望遠鏡は構造物としても高い技術が必要ですし、加えて、莫大な予算も必要です。実際、地球上で可動式の電波望遠鏡は最も大きいものでも１００メートル程度が限界です。この限界を工夫によって打ち破るのが干渉計、ということになります。

干渉計の技法を使うと、望遠鏡を１キロメートルでも２キロメートルでも離して設置することができます。その結果、口径Dをとても大きくすることができ、分解能を飛躍的に向上させることができます。また、干渉計の重要な性質として、高い分解能を達成できることに加え、望遠鏡同士の間隔を調整することで、好みの分解能も得ることができます。小さい天体を見たければ、なるべく望遠鏡を離して配置し、一方で、広がっているものを見たければ望遠鏡をなるべく近づける、というようにです。少々おおざっぱな例ですが、小さな砂粒と大きな石をふるいで分ける

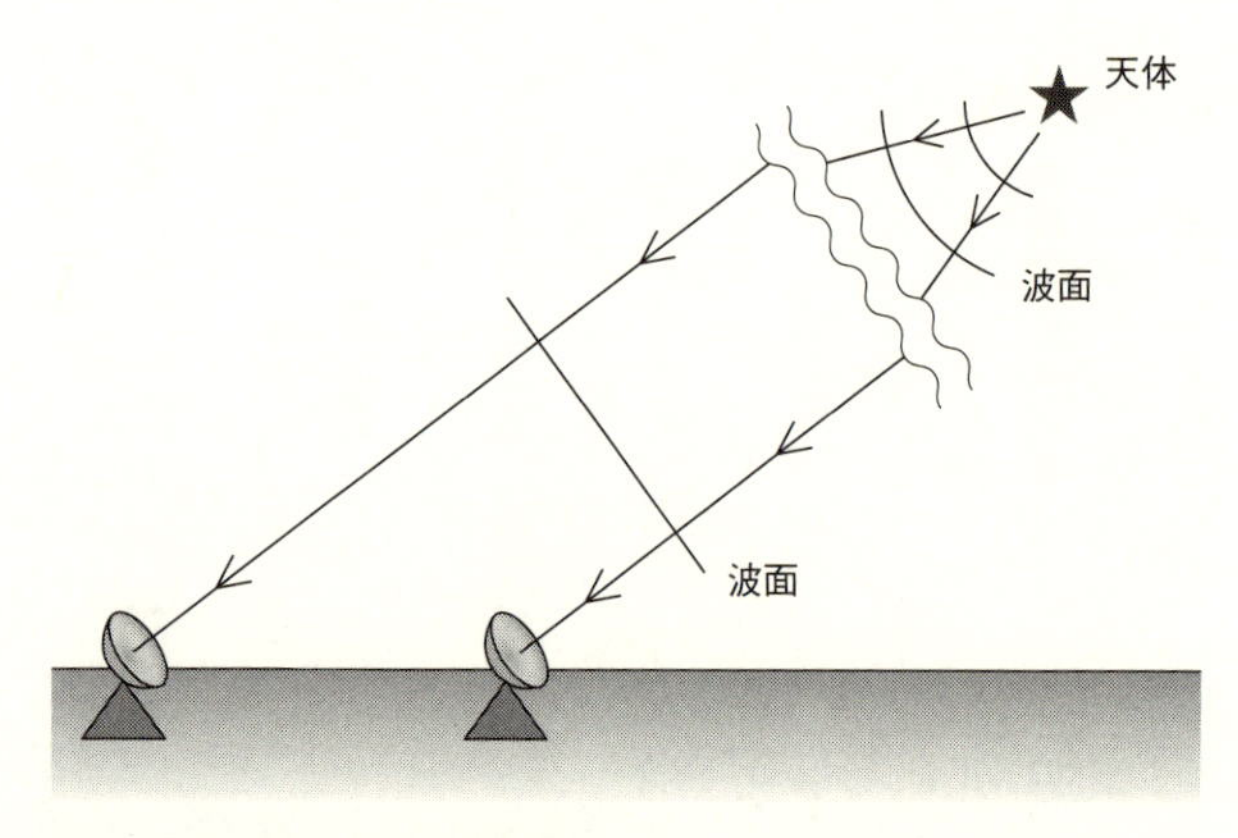

図5-4　電波干渉計の模式図

大きな1台の望遠鏡の代わりに複数のアンテナで信号を受信し、それを掛け合わせて大きな望遠鏡と同等の機能を合成する。

とき、選別される石の大きさはふるいの目の細かさを調整すれば変えられます。これと同様に、電波干渉計でも、アンテナの距離や配置を変えると、小さい天体や広がった天体を観測しやすいように調整できるのです。

干渉計が活躍するようになるのは1950年ごろからで、初期の干渉計は近接した望遠鏡同士をケーブルでつないで直接信号をやり取りする、「結合素子型」と呼ばれる干渉計でした。その後さらに技術が進むと、望遠鏡同士をつなぐことなく、数百キロメートルから数千キロメートルも離して観測する超長基線干渉法（VLBI: Very Long Baseline Interferometry）の技法も誕生し、電波望遠鏡の視力が大きく向上していきます。

干渉計はとっつきにくい!?

ところで、筆者の知る限り、望遠鏡の中で最もとっつきにくいのが電波干渉計です。そもそも電波は目に見えないものですし、それに加えて望遠鏡から出てくるデータも直観的にたいへんわかりにくいものです。

たとえば、望遠鏡の代表格である光の望遠鏡と比較してみましょう。光の望遠鏡で得られる主なデータといえば、もちろん天体写真です。「写真」ですから、人間が普段目で見ているものと同じ情報を直接に得られるので、直観的で非常にわかりやすいです。それに、光の望遠鏡で見る天体写真はとても美しいですね！　筆者はもう20年も電波天文学をやっていますが、得られる天体写真の美しさは、どんなに技術が発達しても光の望遠鏡にはかなわないと思います（電波天文学者としてはちょっと悔しいのですが……）。光で見る天体写真は、天体ごとにバリエーションも豊富で、どれも惹き付けられるものばかりです。

さて、次に電波望遠鏡でどのようなデータが得られるか説明しましょう。干渉計の前にまず単一の電波望遠鏡を考えます。この場合、通常観測するのは空の特定の方向1点になります。これを私たちが持っているデジカメにたとえると、デジカメのたった1つのピクセル（画素）を観測していることに対応します。ピクセルは画像を得るために重要ですが、1ピクセルだけでは画像はできません。そこで、ある方向（1ピクセル）の測定が終わったら、隣のピクセルに対応する方向に望遠鏡を向け、それが終わったら、さらに隣へ、というように1点ずつ地道に測定し、そのピクセルの集合として電波写真が作られます。ですので、天体写真を撮るのに時間がかかります。そうはいっても、最終的に出てくる結果は電波で見た天体写真になりますので、比較的親しみやすいものです。また、最近は技術の進歩によって、電波望遠鏡の焦点に多数の電波受信素子を並べて、一度に数ピクセルから数百ピクセル分のデータを取得できる電波望遠鏡もありますので、電波写真の撮影に必要な時間は大幅に短縮されてきています（それでも、皆さんが普段使っているデジカメは数百万画素から1000万画素程度が主流なので、電波写真の画素数はなかなか光の写真にかないません）。

さて、最後に、とっつきにくい望遠鏡の王者（？）である電波干渉計についてです。電波干渉計で観測した場合、天文学者に届けられるデータは、なんと「複素数」を羅列した数字のテーブルになります。複素数とは虚数単位iを含む数字で、iは2乗するとマイナス1になるちょっと変な数です。そんな数がひたすら並んだテーブルを見たら、「天文学とはなんてつまらないものなんだろう」と多くの人が思ってしまうことでしょう。私も自分の研究室に新しい学生さんが入ってくるときはいつも、「干渉計はとっつきにくいから覚悟しといてね……」と前もって予防線を張るようにしています。

電波干渉計で宇宙を研究している天文学者も、「この複素数の羅列を見るのがたまらなく嬉しくて研究している」、なんてことはもちろんありません。私も含めて多くの研究者が欲しいのはやはり天体写真です。では、なぜ干渉計の場合だけ、こんなことになってしまうのでしょうか？

写真を得るには、焦点に像を結ぶ必要があります。カメラでも光の望遠鏡でも、また単一の電波望遠鏡でも、ＣＣＤや受信機などの装置はアンテナの焦点におかれます。焦点には望遠鏡で集めた光や電波が「すべて等しい位相」で集まるという性質があります。「等しい位相」とは、平たく言えば、鏡面のどの部分で反射した電磁波も、天体を出てから焦点までまったく同じ距離を旅している、ということです。普通の望遠鏡では、この「焦点を結ぶ」という作業が望遠鏡やアンテナの構造体の中で自然に行われています。詳しい話は省略しますが、望遠鏡の鏡面にパラボラ形状（回転放物面）を用いると、この焦点を結ぶ作業が自動的に行われます。

一方、電波干渉計ではそれぞれの望遠鏡の位置がばらばらですので、電波の到達時間に時差が生じ、各局で記録される電波は「等しい位相」ではなくなってしまいます。ですので、得られた信号をそのまま何も考えずに足しても焦点を結びません。焦点を結ばせるためには、望遠鏡ごとの到達時間の違いを補正してやる必要があります。ちょっと専門的になりますが、これにはフーリエ変換という演算を使います。このフーリエ変換という演算は複素数に対する演算ですので、干渉計の観測量も複素数になるわけです。そういうわけで、得られた複素数のテーブルにいろいろ補正を施したあとフーリエ変換を実行すると、ようやく電波干渉計で電波写真が撮れます。このプロセスは結構面倒なので、天文学者といえども電波干渉計になじみのない人には電波干渉計のデータ解析はちょっとハードルが高いようです。

干渉計で天体の方向を決める

さて、干渉計の原理についてもう少しだけ説明しましょう。といっても、厳密な話は面倒な数式を使わないといけないので、あくまでさわりだけの紹介になります。じつは干渉の基本原理は、本書の中ですでに説明してあります。19世紀に光が波であることを示したヤングの干渉実験（第3章、図3－3）がそれです。ヤングの実験では、光を2つのスリットを通して干渉させていました。これに対応した最もシンプルな電波干渉計は、2つのアンテナからなる干渉計です。図5－4にあるように、2つのアンテナで同じ星を観測するとしましょう。星からの電波は電圧がランダムに、プラスになったりマイナスになったりを繰り返す、雑音のような性質を持ちます。この電圧をそれぞれの場所で観測するのですが、2つのアンテナが離れており、かつ電波の速度は有限（光速）なので、天体を同時に出た波形が2つのアンテナに到達するのに時間差が生じます。この時間差を、遅延時間と呼びます。遅延時間は、2つのアンテナと観測天体の幾何学的な位置関係で決まります。ですので、あらかじめアンテナの位置をちゃんと測っておけば、遅延時間の観測から天体の方向を決めることができるのです。もし複数の天体があった場合も、信号はその足し算となり、それぞれの方向を見分けることができるので、結果的に、電波写真を得ることができます。これは荒っぽいたとえになりますが、デジカメの写真がピクセル（画素）の集合で表されているのと同様、電波天体の写真も位置の異なる画素の集合である、と考えていただければ大丈夫です。

アンテナ１台の干渉計

少し技術的な話が続きましたので、干渉計による宇宙の観測の話に戻りましょう。まず初期の干渉計による観測は、第二次大戦後のオーストラリアで始まりました（図５－５）。非常に面白いことに、最初の電波干渉計は、なんと１台のアンテナからなるシステムでした。あれ、これって何か変ですよね？　すでに説明したように、干渉計とは２台以上のアンテナからなる観測装置だったはずです。

じつは、この干渉計は「海面干渉計」といって、１台のアンテナが一人二役の役割を果たす面白い干渉計です。アンテナは海に面した崖の上に設置されます。そして、水平線から上がってくる天体を観測します。そのときに、天体から直接アンテナに入ってくる電波（直接波）と、海で反射してからアンテナに入ってくる電波（間接波）が一緒に観測されます。この２つの電波が干

図5-5 シドニー郊外、ドーバー・ハイツの崖の上に設置された電波望遠鏡

天体から来る電波と海面で反射した電波を干渉させる「海面干渉計」。(CSIRO)

渉することで、1台のアンテナが「干渉計」として働くのです（図5－6）。このような干渉計が作られたのが、シドニー郊外のドーバー・ハイツというタスマン海に面した崖の上です。この施設は高さ85メートルの崖の上にあったので、その地形を利用して干渉計の観測が行われたのです。じつは、もともとこの施設は第二次大戦中のレーダー基地でした。ここからレーダーを発射し、その反射波の測定から、洋上の飛行機を捉えようとする施設だったのです。第二次大戦中にレーダー観測をしていた技師たちは、遠く水平線上を飛行する飛行機からの電波が海面で反射して干渉することを知っていたといわれています。そして、第二次大戦が終わると、その施設や経験を活かして電波天文学の観測が始まるのです。

この干渉計を用いて1950年前後に大きな発見が相次いでなされます。最初に観測されたのは太陽でした。太陽が電波を出すことはすでに知られていたのですが、太陽の電波が変動すること、そして変動する電波が太陽全体に比べると小さな領域から放射されていることが、干渉計の

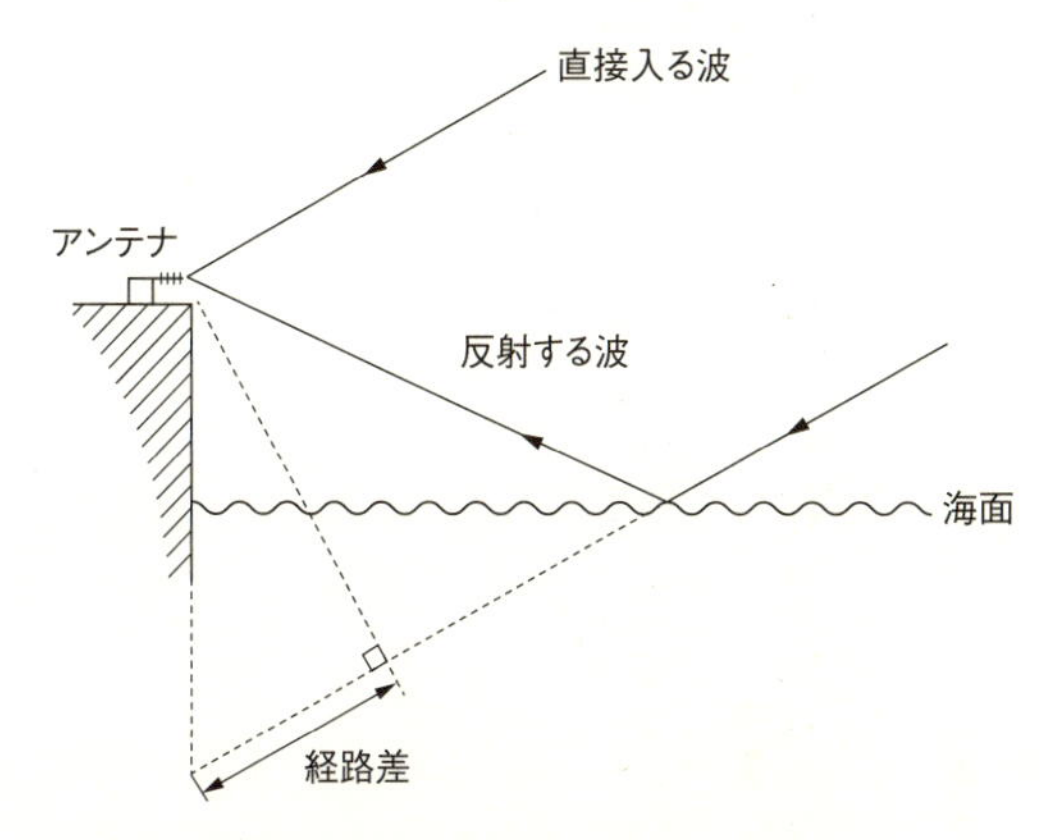

図5-6　海面干渉計の動作原理を表す模式図

右上から天体の電波が入ってきている。電波望遠鏡に直接入る波と、海面で反射する波を干渉させている。

観測からわかりました。これは黒点などの太陽活動に伴う電波の変動です。

続いて、太陽以外の電波天体の干渉計観測も大きく進みます。これを中心的に進めたのはジョン・ボルトン（１９２２〜１９９３）らのチームでした。ボルトンたちは、天の川銀河から来る広がった電波放射とは別に、電波を出す個別の天体について興味を持ちました。そのため、いろいろな電波天体の位置や大きさを、海面干渉計を用いて測定したのです。

ドーバー・ハイツの干渉計は、１台の望遠鏡としての分解能は高くなかったものの、崖の上にある地形を利用して海面干渉計を構成することで、10分角を切る精度で位置を測定することができました。その結果、おとめ座Ａ、ケンタウルス座Ａなどの、巨大ブラックホールに密接に関連する重要な電波天体が確認されます。そして干渉計で測定した電波天体の位置に基づき、対応する天体を光の望遠鏡で見つけることにも成功しました。このように電波源に対応する天体を光の観測で見つける作業を「光学同定」と呼びます。1950年代初めに、おとめ座Aが楕円銀河M87に、またケンタウルス座Aが不規則的な楕円銀河NGC5128に対応していることがわかりました。この2つはいずれも銀河系から近いところにある巨大ブラックホール天体で、特にM87はすでに出てきたように、史上初めて宇宙ジェットが見つかった重要天体でもあります。

ちなみに、各星座にある電波源を明るさ順にA、B、Cとして、○○座A、○○座B、というような名称で呼び始めたのもオーストラリアのグループで、この呼び名は今でも標準的に使われています。

現代の干渉計の生みの親

現代の形の電波干渉計を開発して、電波天文学を大きく進歩させたのは、イギリスのマーチン・ライル（図5－7）ら、ケンブリッジ大学のキャベンディッシュ研究所のグループです。ライルは第二次大戦中、英国軍で電波による通信の研究をしていましたが、大戦後はケンブリッジ大学で電波天文学の研究を進めました。前述の豪州ドーバー・ハイツの場合も、またマーチン・ライルの場合もそうですが、電波天文学が第二次大戦後劇的な進歩を遂げた理由には、第二次大戦中に各国が競ってレーダー技術の開発を進め、大戦終了後にその技術が電波天文学に広がったことと大いに関係しています。

ライルたちは複数のアンテナからなる電波干渉計を開発し、それを使って電波天体のカタログを作りました。天球のさまざまな方向を観測し、見つかった電波源の位置と電波の強さをリストにしていったのです。もちろんその目標は、これらの電波を出す天体が何か、という謎を解くことです。ジャンスキーやリーバーの観測から、天の川から電波が出ていることはわかっていましたが、それ以外の方向からやってくる電波天体がどのようなものなのかは、まったく不明でした（ちょうどオーストラリアで海面干渉計の観測が進められているころです）。彼らの作ったカタログはケンブリッジカタログと呼ばれ、第１版が１Ｃカタログ、第２版が２Ｃカタログ、第３版が３Ｃカタログというように、順を追って数字＋ケンブリッジの頭文字の〝Ｃ〟を合わせた名前で呼ばれています。１Ｃカタログは１９５０年に出版され、記載された天体数はわずか50個程度でした。それが５年後の２Ｃカタログ、さらに１９

図5-7　マーチン・ライル

干渉計により天体の電波写真を撮影する「開口合成法」の父として、1974年にノーベル賞を受賞。(SPL/PPS)

59年の3Cカタログへと改訂されると、3Cカタログでは471もの電波天体がリストアップされました。また、この過程で天体の位置が干渉計で1分角くらいの精度で決められるようになり、ブラックホールの研究につながる大きな発見がなされていきます。

クェーサーの発見

最初の大きな発見は1Cカタログが出たばかりの1951年のことです。ライルの共同研究者であったグラハム・スミスらが、天の川以外で最も明るい電波天体だったはくちょう座Aなど、いくつかの明るい電波天体の位置を1分角程度で決定したのです。そして1954年になって、光の望遠鏡で対応する天体が発見されます。はくちょう座Aの位置に写っていた天体は遠くて淡い銀河でした。さらにその銀河のスペクトルを取得すると、赤方偏移 $z=0.0561$ （距離に直すと約8億光年）という、当時知られている中で最も遠い天体だったのです。

ここで、「赤方偏移」とは宇宙の膨張によってスペクトル輝線の波長が長くなる割合を表すものです。たとえば、$z=0.05$ の天体では元々の輝線の波長に対して5％波長が伸びて観測されます。波長が長くなると光の色は赤い側にシフトするので、「赤方」偏移と呼ばれるのです。そして一番大事なことは、z の値が大きければ大きいほど遠くにある天体であることです。参考までに現在では $z=11$ （約134億光年）くらいの「宇宙の果て」の銀河も見つかっていますが、1950年代の初めにおいてはz＝0・0561という天体が「最も遠い」天体でした。

当時、並行しておとめ座Aやケンタウルス座Aの光学同定が行われていて、これらは距離が数千万光年の比較的近い銀河であることがわかっていました。ですので、はくちょう座Aはこれらの天体に比べてずっと遠い天体になります。この発見によって、一部の電波天体は非常に大きなエネルギーを放射していることが明らかになってきました。

その後1959年に3Cカタログが出版されると、さらに劇的な進展がもたらされます。まず、3C295という電波天体が非常に遠くの銀河団の方向に位置していることが1960年に判明します。この銀河団は赤方偏移がz＝0・464（約50億光年）という大きな値を持つことが確認されました。これは先ほど述べたはくちょう座Aの赤方偏移のおよそ10倍です。ただし、電波天体3C295自身がこの銀河団に所属する天体なのか、あるいはたまたま同じ方向に見えた別の距離にある天体なのかは、まだはっきりしませんでした。

続いて同じカタログのうち3C48について、光学同定の結果、その場所には「恒星」のように点状に見える約16等級の天体が発見されました。ほどなくして得られたその「星」のスペクトルは、通常の恒星からはかけ離れたものでした。そのスペクトルは銀河系外の遠方天体に見える一方で、銀河系内の非常に特異な星という解釈も捨てきれませんでした。そのため、これらの天体は「準恒星状天体」（Quasi Stellar Objectを略してQuasar、あるいはクェーサー）と呼ばれました。電波で測定した位置の決定精度は1分角程度でしたので、まだ光学同定が間違っている可能性も捨てきれませんでした。

クェーサーの解釈を巡る論争に最終的な決着をつけたのも3Cカタログにある電波源で、3C273です。この電波源はおとめ座にあります。おとめ座は黄道12星座ですので、太陽や月の通り道に重なっていて、このためにときどき月により天体が隠される「掩蔽（えんぺい）」という現象が起きます。月の軌道やその輪郭は、当時の電波天文学の分解能に比べたらはるかに高い精度で決まっていたので、このような掩蔽現象の際に3C273の電波が月に隠されて見えなくなるタイミングを正確に測定すると、その位置を精密に決定できるのです。そこで、オーストラリアのグループが、1961年に完成したばかりのパークス64メートル電波望遠鏡を用いてこの掩蔽現象を1962年に観測し、3C273の正確な位置を決定したのです。

位置決定を受けて光学観測を行ったのは、米国のマーチン・シュミットでした。3C273の位置にはやはり恒星状の13等級の天体がありました（図2－5、49ページ）。見たところは普通の恒星に見えましたが、その天体からジェットのようなものが見えていることが、普通の星と違っています。さらに、3C273の光のスペクトルを取得したところ、やはり通常の恒星ではなく、赤方偏移 $z=0.158$（約20億光年）の宇宙論的な遠方天体であることが判明したのです（図5－8）。これと時を同じくして、前述の3C48についても、赤方偏移 $z=0.367$（約40

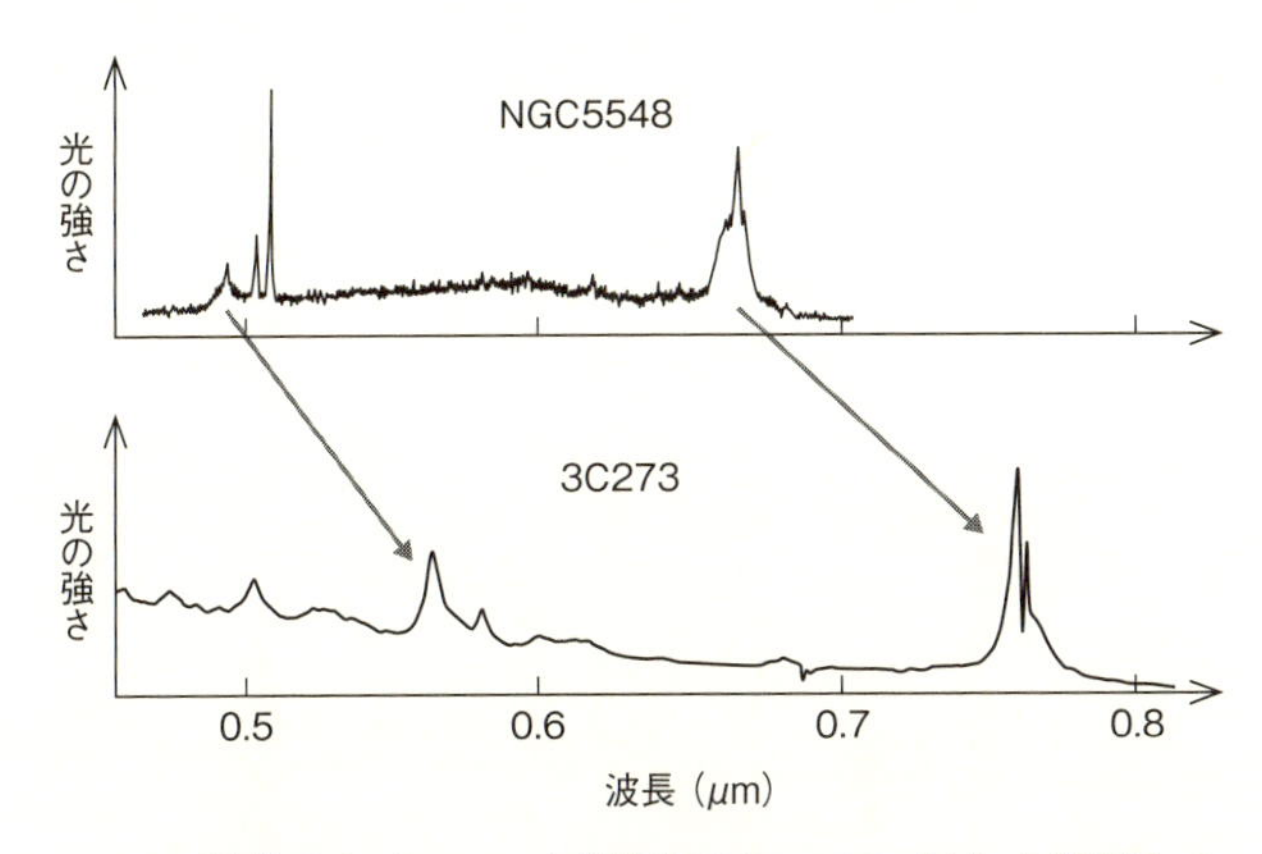

図5-8　近傍のセイファート銀河NGC5548（上）と比較した3C273のスペクトル（下）

水素や酸素の輝線など同じ特徴を示しているが、3C273では輝線が波長の長い側へ赤方偏移している。

億光年）の天体と確定したことが報告されました。これらの研究によって、準恒星状天体が、数十億光年を超える宇宙論的な遠方にある天体であることが確定したのです。その後も３Ｃカタログの天体の光学同定および赤方偏移の測定が続き、１９６４年には３Ｃ１４７という天体で z＝０・５４５（約55億光年）、さらに１９６５年には３Ｃ９という天体で一挙に z＝２・０２（約１０５億光年）という赤方偏移が報告されました。このように、電波干渉計の開発と高い位置精度を持つ３Ｃカタログに基づいて、３Ｃ２７３の発表から数年で、続々と宇宙論的な距離の記録が更新され、人類が認識する宇宙の地平線が飛躍的に広がっていったのです。このように人類の宇宙観を大きく拡大した電波干渉計の開発者として、マーチン・ライルは１９７４年にノーベル賞を受賞しています。

巨大ブラックホール説の登場

観測可能な宇宙が一挙に広がって非常に遠い天体が見つかったことにより、これらの天体が途方もない大きさのエネルギーを放射していることが判明します。たとえば、３Ｃ２７３は13等星でした。ところがこの天体は20億光年も彼方にあるのです。これを試しに太陽の明るさと比べてみましょう。仮に太陽を１４００光年くらい離れた場所から観測したとすると、ちょうど３Ｃ２７３と同じ13等星に見えます。１４００光年といえば銀河系の中に十分収まる距離です。一方、３Ｃ２７３までの距離は20億光年もあり、１４００光年の１４０万倍もの距離です。そのような遠くの天体が同じ13等星で輝いているということは、３Ｃ２７３が本当はとてつもない明るさで輝いていることを意味します。距離が10倍になると見かけの明るさは１００分の１になります。この関係を、３Ｃ２７３の例に当てはめると、３Ｃ２７３はじつに太陽の２兆倍（！）の明るさを持つことになります。３Ｃ２７３は「準恒星状」の天体ですから、図２－５にあるように「点」にしか見えない小さな天体です。そのような狭い領域から、太陽２兆個分という巨大な銀河にも相当する莫大なエネルギーが出ているのです。

この莫大なエネルギーを出す領域が、どれくらいの大きさを持つかについても、観測からある程度推測することができます。たとえば、前述の３Ｃ48の場合、数ヵ月程度の期間で光の明るさが０・４等級程度（もともとの明るさの40％以上）変動することが知られています。これは最も単純な解釈として、３Ｃ48の光を出している領域の大きさが（光速度）×（変動時間）で与えられる大きさよりも小さいことを意味します。この制限は、光や物質が光速度より速く伝わることはない、という事実から来るものです。たとえば、大きさが１光年の大きさの天体があったとして、この天体の端から大きなエネルギーを注入してこの天体を明るくしようとすると、この天体全体が明るくなるのには最低でも１年かかります。これを逆に考えると、１年で変動する天体は、大きさが１光年よりも小さいことになるのです。

３Ｃ48の場合、たとえば、光速度×３ヵ月として大きさを見積もると、その大きさはわずか０・25光年ということになります。これを天の川銀河と比較すると、太陽と銀河系中心の距離２万５０００光年程度に比べて、わずか10万分の１くらいの大きさになります。このような狭い領域から、銀河系全体を超えるような莫大なエネルギーを出しているわけです。そこでこのような天体の正体として有力な候補となってくるのが、エネルギーを効果的に解放することができる巨大ブラックホールです。宇宙からやってくる電波が発見されてからわずか30年、電波天文学の進歩とともに巨大ブラックホールの存在が現実のものとなっていきます。

Black Hole

コラム

日本が誇る発明品「八木・宇田アンテナ」

ドーバー・ハイツに立てられたアンテナの写真（図5－5）を見てみると、いわゆる「魚の骨」のような形のアンテナが上下に複数並んでいます。この魚の骨型のアンテナは、通称八木アンテナ、あるいは科学史的により正確には「八木・宇田アンテナ」と呼ばれるものです。名前からもわかるように、このアンテナは日本人によって開発された、電波工学の歴史に残る重要な発明です。この発明者は、東北帝国大学（現東北大学）教授の八木秀次（1886～1976）と講師の宇田新太郎（1896～1976）の2人で、1926年の論文で2人の連名でこのアンテナの概念が発表されています。ただし、宇田新太郎はこの論文以外にも単著でこのアンテナに関連する論文を多数書いており、現在ではこのアンテナの開発で主要な役割を果たしたのは宇田であるとみなされています。にもかかわらず、このアンテナが「八木アンテナ」と呼ばれることが多いのは、アンテナに関する特許を八木が単独で取得したことや、実際に八木がアンテナを作る会社を設立してその社名が「八木アンテナ」だったことなどによります。

このアンテナは直線状の導体を何本か平行に並べるだけというシンプルな構造にもかかわらず、高い指向性（視力）が得られる優れたものです。そのため、現在でもテレビ受信用のアンテナで用いられることが多く、読者の皆さんのご近所でも屋根の上に八木・宇田アンテナが立っているのを目にすることもあるでしょう。

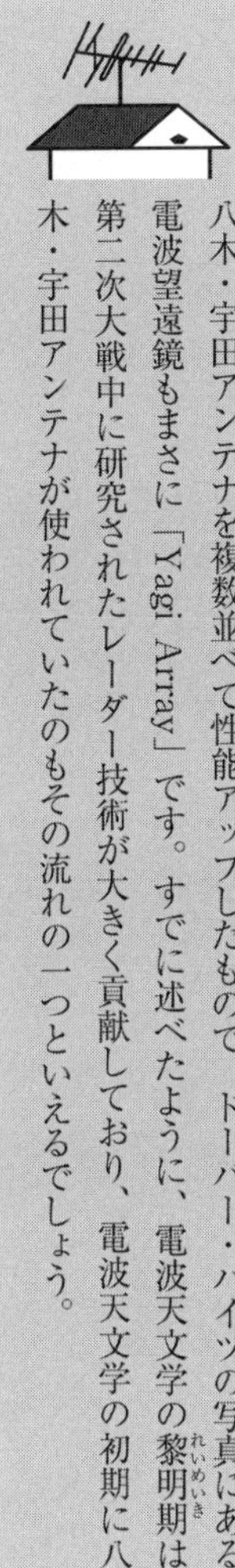

このアンテナには面白い裏話があります。発明当時の昭和初期の日本では、このアンテナの重要性はなかなか理解されず、利用されることはほとんどありませんでした。一方、その後第二次大戦が勃発すると、欧米では電波を使ったレーダー開発が進められ、簡便かつ性能の良い八木アンテナがその送受信用のアンテナとして使われ出します。ところが、日本軍は太平洋戦争が開戦してもその有効性をまだ理解できませんでした。そして、開戦後の1942年にシンガポール戦線で英国軍の陣地を占領し、そこで英軍から押収したレーダー関連の書類の中に「Yagi Array」という言葉を見つけて、初めてこのアンテナのことを知ったということです。伝わっているところでは、この書類を見た日本軍の将校は「Yagi Array」の意味はおろか「Yagi」の発音が「ヤギ」か「ヤジ」かもわからなかったといいます。そこで捕虜を呼んで尋問したところ、「ヤギとはアンテナを発明した日本人の名前だ」と聞かされてたいへん驚いたということです。ちなみに「Yagi Array」は八木・宇田アンテナを複数並べて性能アップしたもので、ドーバー・ハイツの写真にある電波望遠鏡もまさに「Yagi Array」です。すでに述べたように、電波天文学の黎明期(れいめいき)は第二次大戦中に研究されたレーダー技術が大きく貢献しており、電波天文学の初期に八木・宇田アンテナが使われていたのもその流れの一つといえるでしょう。

なお、八木と宇田はこのアンテナを開発後、その実用性を示そうとさまざまな実験を行い、1932年には山形県の酒田市とその40キロメートル沖合の飛島との間で無線通信を成功させています。もし、彼らが八木・宇田アンテナの発明後、早い段階でアンテナを少しでも空に向けるようなことがあったら、電波天文学の歴史は違ったものになっていたかもしれませんね。

ちなみに最近では、この八木・宇田アンテナは、「住宅地の景観を損ねる」という理由であまり使用が推奨されておらず、住宅地によっては、「屋根の上に八木・宇田アンテナを立ててはいけない」、というルールがあるところもあります。もちろん、その主張もわからなくもないのですが、一方で、このアンテナが歴史に残る日本人の発明品であることもできれば知っておいてほしいと思います。

第6章

ブラックホールの三種の神器

電波やX線による新たな観測はブラックホールの理解を一気に飛躍させました。見えてきたのは、「黒い穴」のまわりで宇宙一明るく輝く「降着円盤」、そして、光速に匹敵する速度で放出される「宇宙ジェット」の存在です。

電波天文学の進歩によってクェーサーが発見されると、その正体として巨大ブラックホールがすぐに有力視されるようになります。それにほぼ並行して、1960〜70年代にかけてはX線天文学や電波観測技術の進展、さらにブラックホールに関する理論の発展により巨大ブラックホールの存在の確からしさが一気に高まります。本章ではそれを見ていきましょう。

クェーサーのエネルギー源

まず、クェーサーの莫大なエネルギーを説明するには、巨大ブラックホールが最も現実的である、ということを改めて説明しましょう。典型的なクェーサーの光度を太陽の1兆倍としましょう。これは巨大な銀河全体の明るさに匹敵します。一方でその大きさは、たとえば3C48の場合0・25光年以下という観測的制限がついています。図6−1はこの状況を太陽系と比較した模式図です。太陽系の果てにはオールトの雲という「彗星の巣」があるといわれており、その距離は太陽から約1光年程度と考えられています。ですので、太陽系の大きさは最大で1光年程度と考えられます。これと比較すると、クェーサーは、大きさが太陽系以下で、明るさは太陽の1兆倍ということになります。このような莫大なエネルギーを、銀河に比べてはるかに小さな領域から出さなくてはいけないのですから、普通に考えるとこれはかなりやっかいな問題です。

最初に考えられた最も単純な仮説は、太陽のような恒星を1兆個、非常に狭いところに詰め込

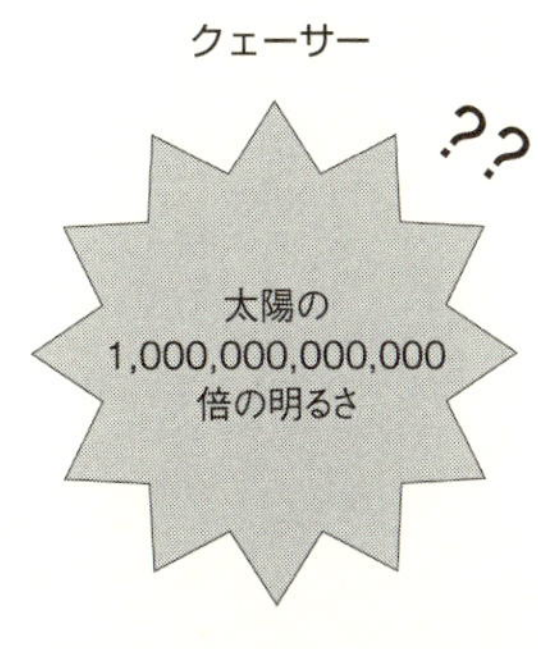

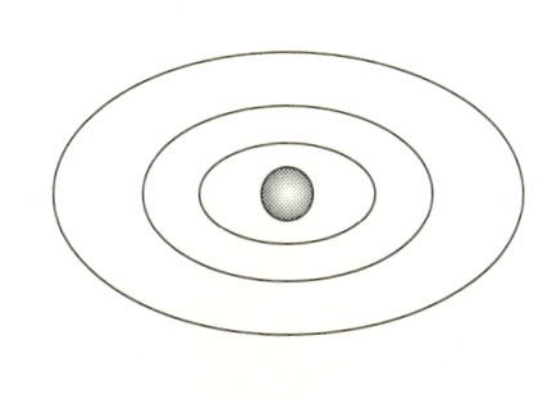

図6-1　クェーサーと太陽系の明るさと大きさの比較

む、という案です。太陽が1兆個あれば、もちろんクェーサーの明るさは説明できます。しかし、このシナリオは現実的には起こりえないことがすぐにわかります。太陽は半径70万キロメートルという有限の（しかもかなり大きな）サイズを持ちます。ですので、太陽のような星を1光年より小さな領域に1兆個も置いたら、すぐに星同士が重力で引っ張り合ってぶつかってしまい、星が壊れたり、合体したりしてしまうはずです。したがって、このような高密度の星の集団が仮にあったとしても、それが長い間安定に存在することはありえません。実際、太陽系近傍では星の平均間隔は1光年よりも大きく、太陽から最も近い恒星であるケンタウルス座アルファ星は太陽から4光年以上離れています。このことからも、1光年以内に太陽1兆個というシナリオが、いかに無理のあるものかがわかります。

次に考えられた説は、途方もなく重い単一の星が銀河の中心にあって、その天体一つで太陽の1兆倍のエネルギーを放射するという、「超巨大星」仮説です。しかし、これも理論的な計算からすぐに難しいことが示されます。なぜなら、このような星が存在したとしても、すぐに核融合のエネルギーを使い尽くしてしまうのです。また、とても明るい天体は、その天体自身の放射のために自分自身の外層を吹き飛ばしてしまう可能性があります。やや変な例になりますが、どんなに性能の良いステレオのスピーカーも無限に大きな音を出すことはできません。というのも、あまりに大きな音をスピーカーから出したら、そのスピーカー自身が壊れてしまうからです。これと同様にあまりにも明るい放射を出す星は、自分自身を壊してしまうのです。

ですので、このようなとてつもなく明るく重い「超巨大星」というのは存在しないと考えられます。実際、我々の銀河系を広く見渡しても、これまでで見つかっている最も重い星は、太陽のせいぜい300倍くらいの質量です。これくらい重い星になると、太陽の1000万倍くらいのエネルギーを出しますが、それでもクェーサーが出す太陽の1兆倍の明るさには程遠いです。また、このような星の寿命はわずかに数百万年程度で、宇宙年齢に比べて桁違いに短くなってしまい、観測されているクェーサーの数を説明することも難しいのです。

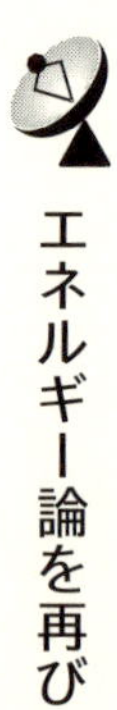

エネルギー論を再び

このように、クェーサーの正体に関していろいろな可能性が検討されては否定された結果、最後に残る最も有力な可能性が、ブラックホールです。ブラックホールに物質を落とす「降着」を通じて重力エネルギーを解放し、それによってクェーサーのような活動的な天体が明るく輝いているというものです。

恒星の集団や1つの巨大な恒星がダメだとして、なぜ、その次に出てくる候補天体がブラックホールということになるのでしょうか？　これは第2章で説明したように、ブラックホール降着が、核融合などに比べて高いエネルギー解放効率を持っていることに起因します。実際、先に述べた多数の恒星の集団や、1つの巨大な恒星を仮定する説は、いずれも恒星によって、クェーサーの明るさを説明しようとするものでした。その場合、放射されるエネルギーの源は核融合になります。核融合で輝く天体ではクェーサーが説明できないのであれば、そのエネルギー源を別の方法に求めざるを得ません。そこで、核融合よりも10倍以上高いエネルギー解放効率を持つ、ブラックホール降着というプロセスが注目されるわけです。

また、ブラックホールが魅力的な理由はもう1つあります。それは「安定性」です。ブラックホールはたいへん特異な天体ですが、何でも吸い込むだけの天体ですから、長期的に安定に存在することができます。ここで「安定」であるとは、放っておいても壊れたり、無くなってしまったりすることがないという意味です。先ほど対案として考えられていた星の集団や1個の巨大な星は、合体したり燃え尽きたりして長い時間安定に存在することができません。一方で、ブラックホールは宇宙年齢にもおよぶ長い時間にわたって安定に存在可能ですので、この点もクェーサーを説明するのに有利なのです。

巨大ブラックホールの食欲

では、クェーサーのエネルギーがブラックホールへのガス降着から来ているとして、実際のところどれくらいのガスをブラックホールに落としてやる必要があるでしょうか？　人間でもエネルギーをたくさん消費する活動的な人は、そのエネルギーの元となる食事をたくさんとる必要があります。宇宙で最も明るいクェーサーの正体がブラックホールであれば、たくさんのガスを食べないと（吸い込まないと）いけないはずです。その巨大なエネルギーを説明するための「食欲」が現実的な値でなければ、巨大ブラックホール説も「絵に描いた餅」になってしまいます。

クェーサーの明るさを説明するために、ブラックホールがどれくらいのガスを飲み込む必要があるか、およその値を計算してみましょう。ブラックホールが単位時間あたりに吸い込むガスの質量は「降着率」で表され、これを使うと、

（クェーサーの明るさ）＝（エネルギー解放効率）×（降着率）×（光速度の2乗）

と書くことができます。ここで、エネルギー解放効率は、ブラックホールに物を落とした場合に、静止質量に対してどれくらいのエネルギーが取り出せるかを表した値です。この値は厳密には一定でなく、ブラックホール自身の時空構造（回転しているかどうか）や降着円盤の性質によっても異なりますが、その目安としては約10％程度になることを本書の第2章で説明しました。繰り返しになりますが太陽の中心で起きている核融合反応の場合、この効率が0・7％ですので、その10倍以上大きいことになります。

これらの式や値を使って、クェーサーの光度を維持するためにブラックホールが食べるべき「食事量」が計算できます。太陽の1兆倍の明るさを持つクェーサーの場合、必要な食事の量（＝ガスの降着量）は、一年間あたりおよそ太陽1個分と求められます。この値は大きいとみるべきでしょうか、それとも小さいとみるべきでしょうか？

太陽の重さは2×10^{30}キログラムです。また、1年間はおよそ3200万秒なので、このようなブラックホールは1秒間に6×10^{22}キログラムの物質を飲み込みます。これでも単位が大きすぎてわかりづらいかもしれません。しかし、地球1個分の物質を飲み込むのにかかる時間はわずか100秒間（！）、といえばそのすさまじさを感じてもらえるでしょう。日常的な感覚からすれば、巨大ブラックホールは「とんでもない大食漢」になります。

ただし、これはあくまで私たちの日常のスケールを当てはめた場合の感じ方であって、銀河規模で物事を考えると、じつは「たいした食欲ではない」、ともいえます。巨大ブラックホールは銀河の中にあり、銀河全体の質量は、ブラックホールが飲み込む物質に比べれば、はるかに大量にあるからです。たとえば、銀河系のような銀河の質量は少なくとも太陽の2000億倍はあります。もし、巨大ブラックホールが一年間に太陽1個分の割合で物質を飲み込み続けるとして、宇宙年齢である138億年の間に飲み込む総質量は、太陽138億個分です。これは銀河全体の質量から比べれば10分の1以下ですので、仮にクェーサーのようなきわめて明るい状態でずっと輝き続けたとしても、銀河の中の物質がすべてなくなってしまう心配はありません。また、現在ではクェーサーのような天体は宇宙年齢の間ずっと輝き続けるのではなく、何らかの理由でブラックホールに物質が効率良く落ちてきたときだけ明るくなると考えられています。この場合は必要な燃料はもっと少なくてすみますので、銀河と比べてほんのわずかな質量をブラックホールに落とすことでクェーサーのエネルギーを説明することができます。ですので、巨大ブラックホールがどんなに大食漢であっても、銀河全体の質量を食べつくしてしまうことはありません。人間社会では「とんでもない大食漢」が家族にいると家計が圧迫されるようなことが起こりえますが、巨大ブラックホールではその心配はないようです。

重いブラックホールの方が大食い

クェーサーの明るさは、一年に太陽1個分の質量をブラックホールに落とせば説明できるのですが、次の質問は、質量を落とすブラックホールはどんなブラックホールでもよいか？　ということになります。すでに第1章で説明したように、ブラックホールの最も重要な物理量はその重さで、ブラックホールの大きさ（シュバルツシルト半径）も質量に比例して決まります。どんな小さなブラックホールでも物質を落とせば、クェーサーのように明るく輝けるのでしょうか？

この質問に対する答えは「Ｎｏ」です。じつは、ブラックホールに限らず、重さを持った天体に質量を落とし込む場合には、落とせる量（質量降着率）の最大値が決まっています。なぜかというと、落とした物質の重力エネルギーが解放されて光などの放射として出ていくことで、周りの物質を吹き飛ばそうとする圧力が発生するためです（図6－2）。これは輻射圧と呼ばれるものです。この輻射圧が強すぎると、周囲の物質が吹き飛ばされてしまい、結果的に物質が中心に落ちなくなります。このように、天体の放射が重力に勝って周囲のガスを吹き飛ばしてしまう限界の明るさを、「エディントン光度」といいます。エディントン光度は輻射圧と重力の力比べで決まりますので、重い天体ほどその値は大きくなります（つまり重い天体ほど明るく輝くことができます）。ちなみにエディントンとは、アインシュタインの相対性理論が正しいことを日食観測により証明した、アーサー・エディントンのことです（第3章）。

エディントン光度を使うと、ある重さのブラックホールが、どれくらいの明るさで輝くことが

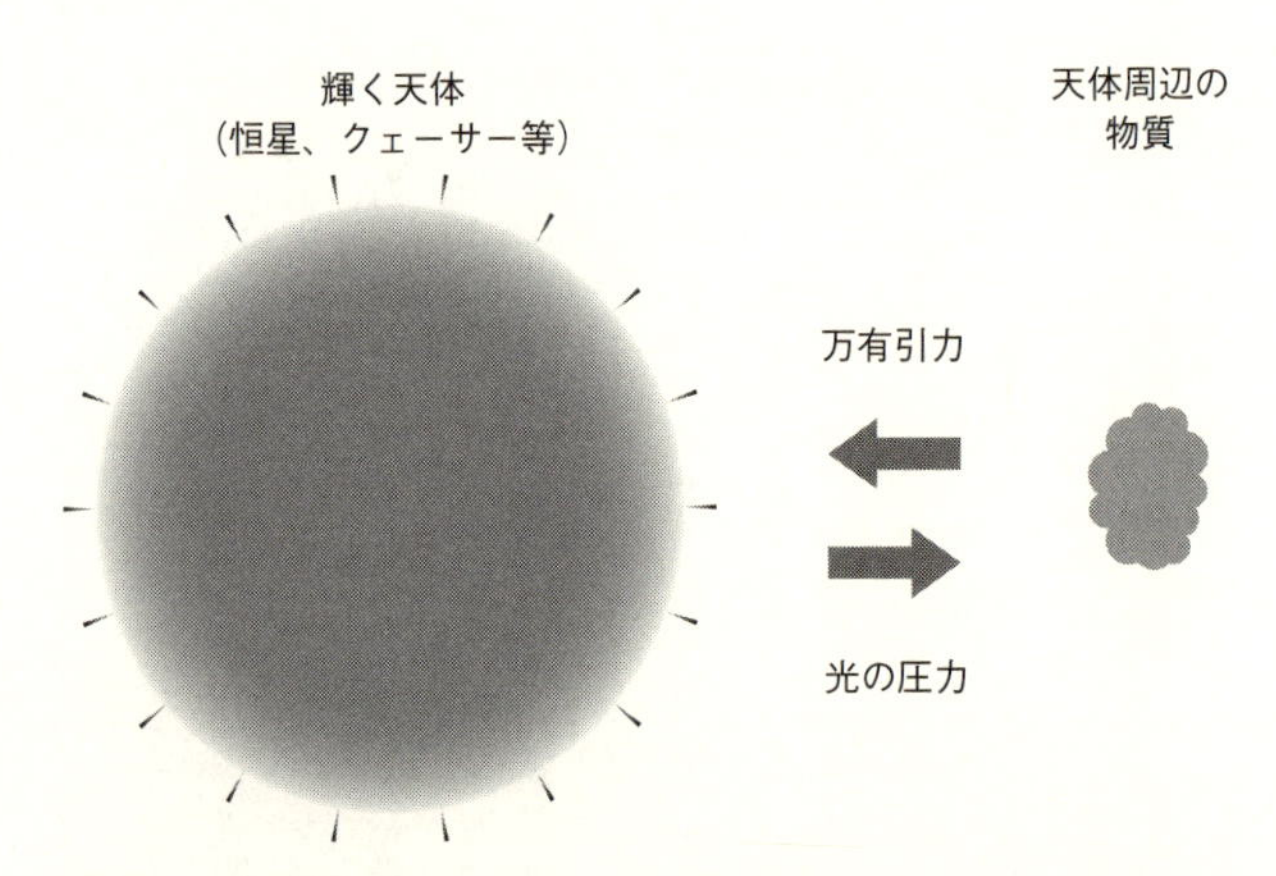

図6-2 **輝く天体は、万有引力の他に光の圧力も周囲の物質に及ぼす**

天体が明るくなりすぎると圧力が重力に打ち勝つため、周囲のガスが吹き飛ばされる。

できるか、その限界を求めることができます。具体的な値を計算すると、太陽程度の重さのブラックホールの場合には、太陽の明るさの約3万倍まで輝くことができることになります。また、エディントン光度は中心天体の重さに比例して増えますので、重いブラックホールほど明るく輝くことができます。そこから、太陽の1兆倍の明るさを持つクェーサーの場合、それがエディントン光度以下で輝いているためには、最低でも太陽の3000万倍（！）の質量を持つ必要があることがわかります。つまり、クェーサーには太陽に比べて桁違いに重い巨大ブラックホールが必要になるのです。巨大なブラックホールだけがクェーサーのように明るく輝くことができるのは、体の大きなお相撲さんが普通の人には到底およばない強い力を出せるのに似ていませんか？

X線とブラックホール

20世紀に新たに誕生した電波天文学によりクェーサーが見つかり、そこから巨大ブラックホールの研究が大きく進んだことはすでに見てきました。一方、20世紀に新たに始まった観測天文学のもう一つの代表格に、X線天文学があります。X線天文学は1960年代に始まった、電波天文学よりもさらに新しい研究分野です。X線天文学もブラックホール研究に重要な役割を果たしていますので、以下でそれを見ていきましょう。

まずX線とは何かを改めて説明しましょう。X線も光と同じ電磁波の一種で、ただしずっと波長の短い電磁波になります。その波長はおよそ0・01〜10ナノメートル（ナノメートル＝10億分の1メートルを表します）程度です。可視光線に比べると波長が5万分の1から50分の1程度と、きわめて波長の短い電磁波であり、電波や光に比べてエネルギーが高いのが特徴です。

X線が持つもう一つの特徴は、透過力が高いことです。少々の物質であれば、それを通過してしまいます。この性質を利用したものが、健康診断でおなじみのレントゲン写真です。レントゲン写真では、体の中の臓器や骨格を見るために、体内にX線を透過させて、その影の濃淡を見ています。また最近では、体の断層写真が撮れるX線CT（Computed Tomography）というものもあります。これもX線の透過力を活かして体内の詳細な写真を撮っています。このようにX線は、その透過力により体を切り開くことなく体内を調べることができるので医療の現場で大いに活躍しています。

さて、ブラックホールの研究においても、これらのX線の性質が活かされています。透過力が高いことはブラックホールを観測する上でも重要です。すでに見てきたように、ブラックホールはその重力でガスを引きつけ、周囲に降着円盤やジェットを形成するので、ブラックホールの周辺には大量の物質が存在します。ですので、ブラックホールの周辺では光や赤外線などは周囲のガスにさえぎられてしまうのです。一方で、X線は透過力が高いので、これらの領域を突っ切って、ブラックホールに近い所で起きる現象の情報を観測者に届けてくれます。また、X線が波長の短い電磁波であるために、電波や光と比べて相対的に高いエネルギーを持つことも重要です。高いエネルギーを持つということは、温度がとても高い領域や、あるいは激しい活動性を持った領域から放射されることになります。活動銀河中心核では、特にブラックホール周辺で最も温度が高くなりX線が出やすいので、これらの天体の観測にX線が有効です。

X線天文学の誕生

X線天文学はたいへん若い学問で、誕生したのは1962年のことです。電波天文学が193

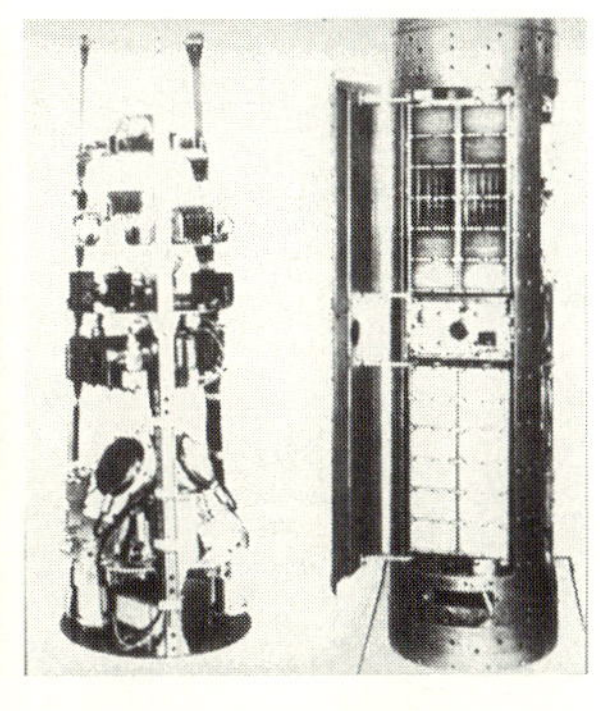

図6-3　NASAのエアロビーロケット（左）と初のX線による天体観測に使われた搭載観測装置（右）（NASA）

1年のジャンスキーの宇宙電波の発見によって始まったことは述べましたが、X線天文学は電波天文学よりもさらに30年後に始まっています。現在でもまだ歴史が50年余りで、これまで急速に進展し続けてきた天文学分野の一つです。そして、X線天文学も電波天文学とならんで、20世紀に人類の宇宙像を革命的に発展させています。

X線天文学は、ロケット実験によるわずか数分間の観測で幕を開けました。この実験が行われたのは1962年6月のことです。X線で宇宙を観測する初の実験装置が、米国のエアロビーロケットによって打ち上げられました（図6－3）。宇宙からくるX線は大気で吸収されるので、宇宙空間に行かないと観測できないのです。しかし当時のロケットは、現代のように大きな人工衛星を地球の周回軌道に乗せるような立派なものではありませんでした。打ち上げ後に大気圏から飛び出してまた数分後には落ちてくる、という飛行時間の非常に短いものです。実際、人類史上初のX線天文学観測となった実験は、わずか6分弱という短い時間に行われたものでした。

じつは当時、天体がX線を出しているかはまったく未知でした。X線を出すには100万度もの高い温度が必要で、当時X線が検出されていたのは太陽だけでした。実験を行う前の予想では、太陽のX線が月で反射されたものは検出できるだろうと考えられていましたが、それ以外の天体について検出できるかは未知で、ある意味「賭け」のような実験だったともいえます。

その結果は想定外の大成功でした。わずか6分弱の観測の間に、宇宙からのX線を捉えることに成功したのです。しかも、当初想定された月に加えて、さそり座の方向にもX線天体が検出されました。これが、「さそり座X－1」と呼ばれる全天でも非常に明るいX線源の一つです。

ちなみに、このロケット実験は、じつに「3度目の正直」でようやく成功にこぎつけたものでした。これに先立って1960年と1961年にもそれぞれ一度、X線検出器を載せたロケットの打ち上げ実験が同じチームによって行われていましたが、有効なデータが取得できませんでした。その失敗にもめげずに、彼らは3回目の打ち上げに挑み、X線天文学という新たな学問領域を切り開いたのです。もし、最初の2度の失敗で懲りて、そこで実験をやめていたら、現代のX線天文学の進展は大幅に遅れていたかもしれません。科学の最先端は常に新たな挑戦を必要としますので、失敗もある意味つきものです。科学者がそれを乗り越えていくためには、失敗にもめげずに研究を続けようとする「情熱」はもちろん、くよくよし（過ぎ）ないある種の「鈍感力」のようなものも時には大事なのではと思い知らされます。

この実験の大成功によって、宇宙からX線が来ていることが明らかになり、X線天文学が始まります。最初の発見を受けてすぐに追観測が行われ、さそり座X－1に加え、かに星雲（第1章参照）の方向からもX線が到来していることがわかりました。そして、この後さらに詳細なX線のロケット観測が行われ、また最近ではX線天文台衛星のような大型装置でたくさんのX線天体の観測が行われるようになっています。実際、X線天文学は現代天文学においては、非常に大きな分野に成長しており、ブラックホールの研究でも多くの優れた成果を挙げています。

ちなみに、最初のX線天文学の実験をリードした中心人物の一人がリカルド・ジャコーニというイタリア生まれの研究者です。ジャコーニはX線天文学を開拓した功績で2002年のノーベル物理学賞を受賞しています。このとき、同時受賞になったのは東京大学名誉教授の小柴昌俊です。小柴は、良く知られているように、東京大学宇宙線研究所のカミオカンデという実験装置を使って、ニュートリノ天文学を開拓した功績でノーベル賞を受賞しています（さらにもう一人、レイモンド・デイビスも同じ理由で共同受賞です）。2002年のノーベル物理学賞は、20世紀後半に開拓された新たな観測天文学の開拓者に与えられた、ということになります。

X線天文学黎明期の日本人の活躍

さて、X線天文学ではその誕生時から日本人が大きな貢献をしていますので、それも紹介したいと思います。X線天文学の黎明期は、電波天文学の場合と同様に、いわゆるピンボケ画像との戦いから始まります。そもそも、最初は写真どころか、全天で最も明るい天体の位置さえ良くわからない、という状態からX線天文学の研究が始まったのです。X線天体の位置を決めるのに大きな役割を果たしたのが、小田稔（1923～2001、元宇宙科学研究所所長、図6－4）が開発した「すだれコリメーター」です。この装置は、すだれ状の金属をX線検出器の前面に配置することで、X線の到来方向を精度良く決めるものです。この装置が開発されたことによって、さそり座X－1の位置が正確に決定されます。それを受けて当時東京天文台（現国立天文台）の岡山天体物理観測所で光学観測が行われ、この天体の位置に対応する青白い13等星が見つかりました。さらに詳しい観測が進められると、この天体が連星であり、片方の星が中性子星で、伴星からの質量降着により高い温度の放射をしていることが判明したのです。さそり座X－1の発見が1962年、また光学同定が1966年

図6-4　小田稔（元宇宙科学研究所所長）

ですから、パルサーの発見（1967年）よりも若干早く中性子星が見つかっていたことになります。

X線天文学はこの後急速な発展を遂げますが、日本も宇宙科学研究所を中心にX線天文衛星をこれまでに何回も打ち上げており、世界的に見てもX線天文学研究の大きな一角を占めています。このように日本のX線天文学が大きく発展することができたのも、さそり座X－1に代表される黎明期での、小田をはじめとする日本人の活躍が大きな基礎になっています。

はくちょう座X－1

X線天文学はブラックホール研究にも大きな影響を与えます。ここで主役となる天体がはくちょう座X－1で、さそり座X－1と並んでX線天文学の黎明期からの有名天体です。1970年になると、米国はウフル（Uhuru：スワヒリ語で自由の意。ロケット打ち上げがケニアだったことにちなんでいます）というX線観測用の初の人工衛星を打ち上げます。それまでのロケット実験では数分しか観測ができなかったのに比べ、ウフルは軌道上で2年間も活躍しましたので、観測の機会が劇的に増加しました。

この衛星ではくちょう座X－1を観測したところ、1秒以下の短い時間スケールで激しく変動していることが発見されました。このような小さい時間スケールの変動が見えるということは、

図6-5 **はくちょう座X-1の光学写真**

中央の一番明るい星がブラックホールと連星を形成している。
(Carnegie Observatories)

直観的にはこの天体がとても小さいということを意味します（クェーサーの変動の時間スケールから大きさに制限が付いたのと同じ理屈です）。しかも通常の星からは出ないX線が出ているわけですから、非常に小さくて温度が高い特異な天体だということになります。この発見を主導したのも小田稔で、これも彼が天文学の歴史に残した大きな成果です。

その後、はくちょう座X－1の天体位置が決められると、そこにはＨＤＥ２２６８６８という9等星の恒星が発見されます（図６－５）。そしてさらに観測を続けると、この星は５・６日周期で連星をなしていることがわかりました。連星系の運動を測定すると、連星の質量を求めることができます。その結果から、恒星であるＨＤＥ２２６８６８は太陽の20倍の質量を、またもう一方の天体は太陽の15倍程度の質量を持っていることが明らかになります。普通の恒星はX線を出しませんし、天体の大きさを考えても1秒以下の変動をすることは考えにくいです（たとえば太陽の直径を光の速さで横切るには5秒かかります）。とすると、相方の、太陽の15倍の質量を持った天体がX線を放射しており、しかもその大きさは太陽より小さい高密度な天体ということになります。高密度天体といえば、第1章で出てきたような白色矮星や中性子星、それにブラックホールが候補ですが、白色矮星や中性子星はチャンドラセカール質量（太陽質量の数倍程度）が限界の質量なので、太陽の10倍を超えるようなものは存在しません。ですので、唯一残された可能性はブラックホールになります。

このようにはくちょう座X－1は、1970年代前半にはブラックホールの有力候補として認識されるようになりました。ちょうど、宇宙の果てのクェーサーがブラックホールではないかと考えられ始めた時期とも重なっています。クェーサーの巨大ブラックホールと、はくちょう座X－1のブラックホールは、重さや大きさなどが大きく異なりますが、ガスをブラックホールに落としてエネルギーを取り出して輝いているという機構は共通です。特にはくちょう座X－1の場合は、連星系の伴星が光学観測で見つかっているのでガスの供給源が明確で（図6－6）、ブラックホールへのガスの降着でエネルギーを取り出すという、シナリオと合致するものでした。その意味で、全然大きさの違うブラックホールとはいえ、X線天文学によるはくちょう座X－1の発見は、クェーサーのような巨大ブラックホールの研究にも大きな影響を与えました。

地球規模の巨大望遠鏡VLBI

1970年前後に誕生し、巨大ブラックホール研究に大きな影響を与えたもう一つの観測技術

図6-6　連星ブラックホールの想像図

左側の大きな恒星からガスが降着円盤を経てブラックホールに落ち込み、X線などで輝く。(ESA)

が〝VLBI〟(そのままブイ・エル・ビー・アイと読みます)です。VLBIはこの本で後でも度々出てくる重要技術ですし、筆者の研究においても中心的な観測手法ですので、少し説明をしましょう。VLBIとは、〝Very Long Baseline Interferometry〟の頭文字を取った略語で、日本語に直すと、「超長基線干渉法」となります。基線とは干渉計を構成する電波望遠鏡同士を結ぶ線です。これがとても長いものがVLBIで、数百キロメートルから数千キロメートルまでの長さを持ちます。まさに基線が「超長~い」干渉計で、地球規模の基線を用いることもあります(図6-7)。第5章で述べたように、望遠鏡の視力は波長が同じなら望遠鏡の口径に比例するので、基線長の長いVLBIは高い視力が得られます。実際、現代の天文学において、最も高い視力が得ら

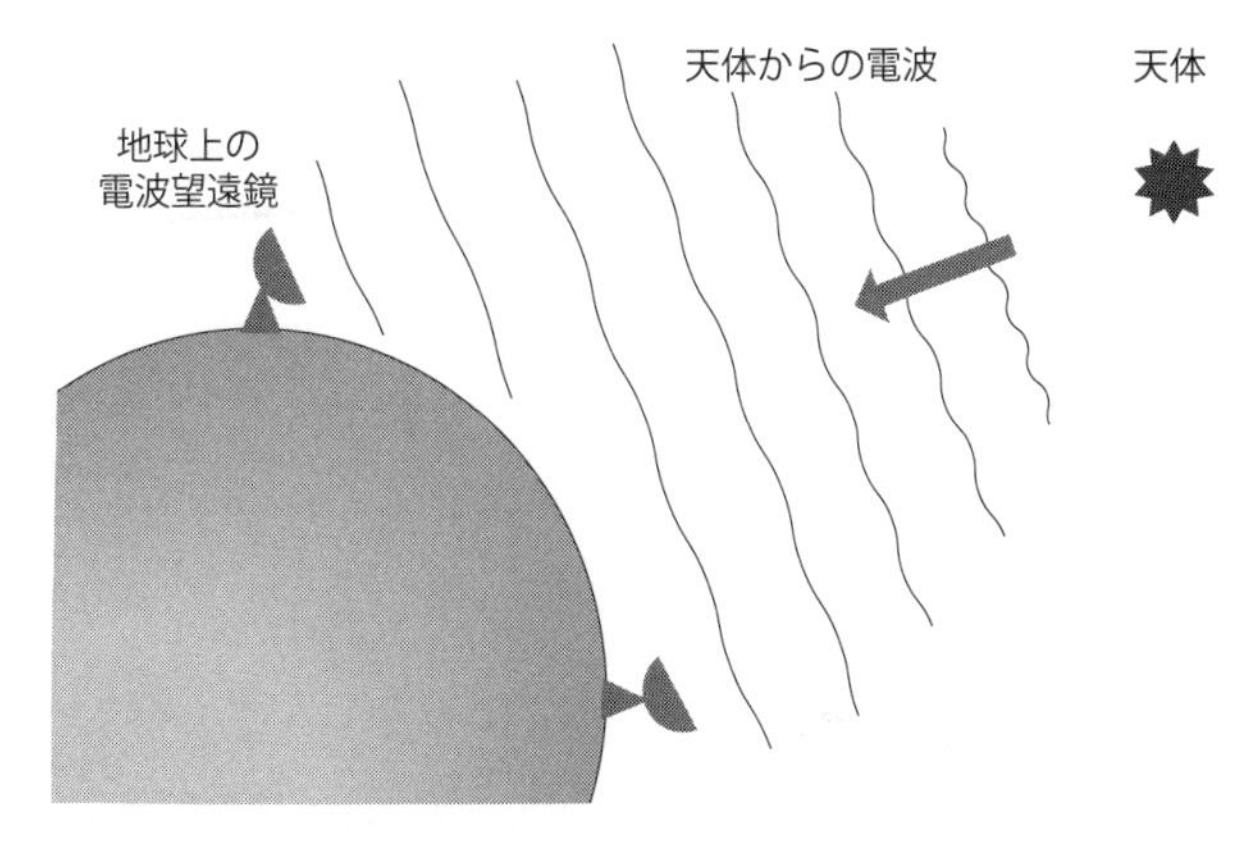

図6-7　VLBI（超長基線電波干渉計）の模式図

地球上に離れて配置された電波望遠鏡を組み合わせて巨大な望遠鏡を合成する。

れるのが、ＶＬＢＩの技法です。

ＶＬＢＩ登場以前の電波干渉計では、電波望遠鏡の距離が比較的短く（最大数十キロメートル）、望遠鏡同士はケーブルでつながれていて直接信号をやり取りしていました。しかし、ＶＬＢＩになるとアンテナが異なる大陸にあったりもしますので、望遠鏡の間をケーブルで直接接続するのは無理です。そこで、それぞれのアンテナで独立にデータを記録し、後でデータを持ち寄って掛け合わせる作業を行います。これを「相関」を取るとか、「相関処理」をする、などと呼びます。このとき、遠く離れたアンテナで記録した天体からの電波が、いつ記録されたかを、きわめて精密に記録しておく必要があります。このため、ＶＬＢＩの観測には非常に高安定な時計が必要になります。現在のＶＬＢ

Iの観測では水素メーザーという原子時計が主に使われていて、この時計は一秒間あたりのずれが10兆分の1秒という精密さで正しく時を刻みます。

きわめて小さいクェーサーの中心部

最初のVLBIの実験はカナダとアメリカでほぼ同じ時期に成功しました。1967年のことです。その数年後には、大陸間のVLBIも行われるようになり、分解能として1ミリ秒角程度が達成されました。1ミリ秒角というのは、1秒角の1000分の1の大きさになります。人間の視力に直すと、約6万という値になります。これを電波天文学の黎明期の視力と比較してみると、いかに劇的に視力が向上したかがわかります。たとえば、リーバーが最初に作った電波地図（第5章参照）では、視力が0・0014というものでした。その30年後にはVLBIの登場により、視力が約4000万倍も向上したことになります。

VLBIの技術が確立されるとすぐ、電波で明るい活動銀河中心核が観測されました。すでに説明した3Cカタログの天体がここでも重要な観測対象です。すでに何度か登場した3C273や、比較的その近くにある、これもやはり明るい3C279という電波源が、初期のVLBIで観測された代表的な天体です。これらをVLBIで見ると、視力6万をもってしても分解することができない、非常にコンパクトな電波の中心核が観測されました（図6−8）。一番明るい部分は電波コアと呼ばれ、その大きさは1光年以下であることがわかります。このように非常に小さい電波コアが観測されたということは、ブラックホールのようなコンパクトな天体がその中心にあるという説と合致します。これは、クェーサーの光度の変動時間からも期待されていたことですが、やはり直接的な画像として天体がたいへん小さいことを実証したという意味で、巨大ブラックホールにとって重要な観測結果になります。

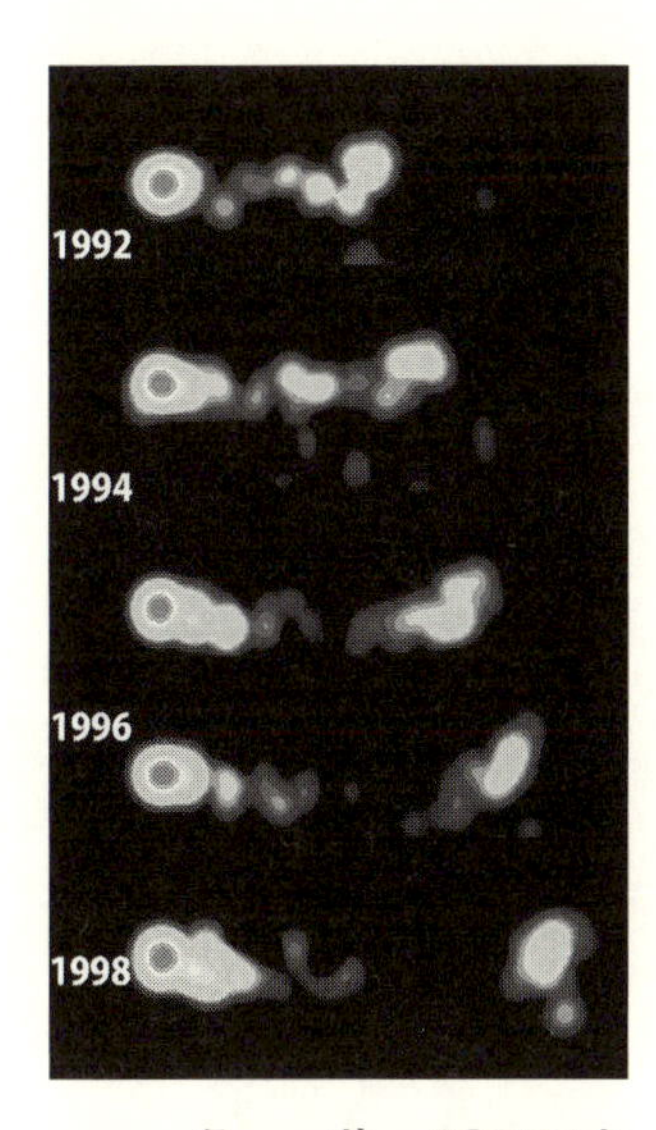

図6-8　クェーサー3C279から出るジェットの1991年から1998年の変化の様子

ジェットが時間とともに動いており、その見かけの速さは光の速度の約4倍という〝超光速運動〟である。(NRAO/AUI)

ジェットの超光速運動

ＶＬＢＩの観測からは、さらに驚くべき事実が発見されます。それは、ジェットの運動が見かけの上で光の速さを超える、「超光速運動」です。たとえば、図6－8の3Ｃ279の例では、電波コアから図の右側に向かってジェットが直線状に伸びています。そしてジェットは「ノット」と呼ばれるいくつかの明るいガスの固まりが並んでできています。このようなジェットを数ヵ月から1年以上にわたって観測すると、ノットが中心から遠ざかるように動いていることがわかります。そして、その動きを正確に測ってみると、驚くべきことに、その見かけの速さが光速を超えているのです！ 図6－8の3Ｃ279の場合は、光の速さの約4倍、また天体によっては光の速さの数倍から10倍近い速度を持つジェットがあることも明らかになりました。このように物質が光の速さを超えて動いているように見えるために、これらの現象は「超光速運動」と呼ばれるのです。

すでに述べたように、この宇宙で一番速い速度を持つものは光で、光の速さを超えるものは存在しないはずです。ですので、「超光速運動」は一見すると物理の基本法則に矛盾しているようにも感じられます。ではなぜ、ジェットは光の速さを超えて動いているのでしょうか？

超光速運動の発見当時は、これが実際のジェットの動きではなく、クリスマスツリーの電飾の

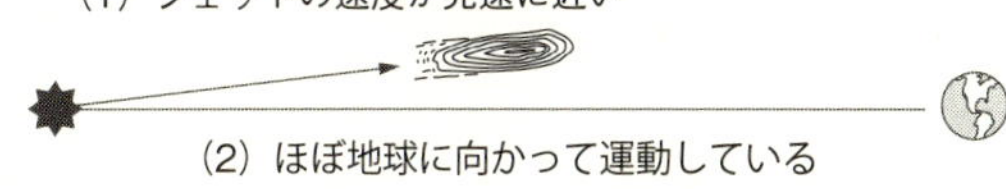

図6-9　クェーサーから出るジェットの超光速運動の模式図

光の速さに近いジェットが観測者の方向に動いているときに、超光速運動が見える。

ように、ついたりするパターンが、偶然あたかも動いているかのように見える、というシナリオなども提唱されました。しかし、他の天体でも同様な現象が観測されますので、このような偶然が多くの天体で起きている可能性はあまりなさそうです。

じつは、ある条件が満たされればこのような超光速運動が観測されることは、比較的簡単に示すことができます。具体的には（1）ジェットの速度が光速に近く、（2）ジェットがほぼ私たちに向かって運動している、という2つの条件が同時に満たされるときです（図6－9）。

このように視線に近い方向に光速度で運動しているジェットでは、ジェットから私たちに向けて出た光は、ほとんど同じ速度のジェットに追いかけられることになります。したがって、しばらく後にジェットから放射される光も、その前に放射された光に対してあまり大きな時間差を持たずに私たちに到達するのです。このために、見かけ上、視線に垂直な方向の速度が光速度を超えて見えるのです。これは単純に幾何学だけから決まる性質であって、相対性理論と特に矛盾するものではありません。繰り返しですが、光速度を超えているのはあくまで見かけの速さであって、ジェットの速度そのものは光速度を超えてはいないのです。

すでに述べたように、ジェットが観測者に向かって飛んでくることと、ジェットの速度が光速度に近いということが、この現象が起きるための条件になります。すなわち、超光速運動が見えるということは、「ジェットの速度が光の速さに近い」ことの強い証拠になります。実際、3C279の場合、見かけの速度が光速度の4倍にも達しており、そこから実際のジェットの速度は光速度の97%以上であるということがわかります。

この「ジェットの速度が光速度に近い」という観測結果は、巨大ブラックホールの研究にとっても大きな意味を持ちます。なぜなら、ジェットの速さは、それが放出される場所の脱出速度をおよそ反映していると考えられるからです。たとえば、最も身近な天体として太陽の例を考えてみましょう。太陽表面の脱出速度は秒速600キロメートル程度です。一方で太陽表面からガスが星間空間へ飛ばされる「太陽風」という現象がありますが、その速度は秒速数百~1000キロメートルの範囲ですので、脱出速度と同じくらいのオーダー（桁）になっています。同様に、クェーサーのジェットが光速度に近い速度を持つということは、ジェットが放射されている場所の脱出速度が光の速さに近いことを示唆します。すでに第1章で説明したように、脱出速度が光の速さを超える天体はまさにブラックホールですから、このような「超光速」ジェットは、それがブラックホールのごく近くから放射されていることを間接的に示しているわけです。超光速運動の観測からも、ブラックホールの存在が示唆されるのです。

ブラックホール研究の三種の神器

このように、クェーサーのエネルギーを説明するのにブラックホールが必要と考えられるようになり、またX線の観測での恒星質量のブラックホールの発見や、VLBIによるジェットの超光速運動の発見などと合わせて、活動銀河中心核の正体がブラックホールであるという説が確立されていきました。

さらにこれと並行し、理論的なブラックホールの研究も進み、巨大ブラックホールの基本的な描像が確立されていきます。中心には巨大ブラックホールが存在し、そこへ降着するガスが降着円盤を形成しつつ莫大なエネルギーを放射するとともに、ガスの一部がジェットとしてそこから飛び出していく、というのが基本的な描像です。このように、クェーサーを始めとする活動銀河中心核は、ブラックホールと降着円盤、そしてジェットという3つの成分（図6－10）からなります。この3成分は、ブラックホール研究の「三種の神器」であるといってよいでしょう。

このような概念は1960年代終わりから1970年代初めにはほぼ確立されています。このようなシナリオは現在の巨大ブラックホール研究の礎（いしずえ）となっていますので、1960～70年代は巨大ブラックホール研究にとって非常に重要な10年間だったといえるでしょう。また「ブラックホール」という言葉が誕生したのもこのころです。それまではこの種の天体を指す統一的な用語はなく、〝dark star〟（暗い星）や、〝collapser〟（つぶれた天体）などと呼ばれていました。ブラックホールという言葉を初めて使ったのは米国の理論天文学者であるジョン・ホイーラー（1911〜2008）です。意味はすでに説明したように「黒い穴」を意味する英語で、光さえ脱出できず、なにもかも吸い込むだけの一方通行の天体の特徴を的確に表している呼び名として、現在広く浸透しています。

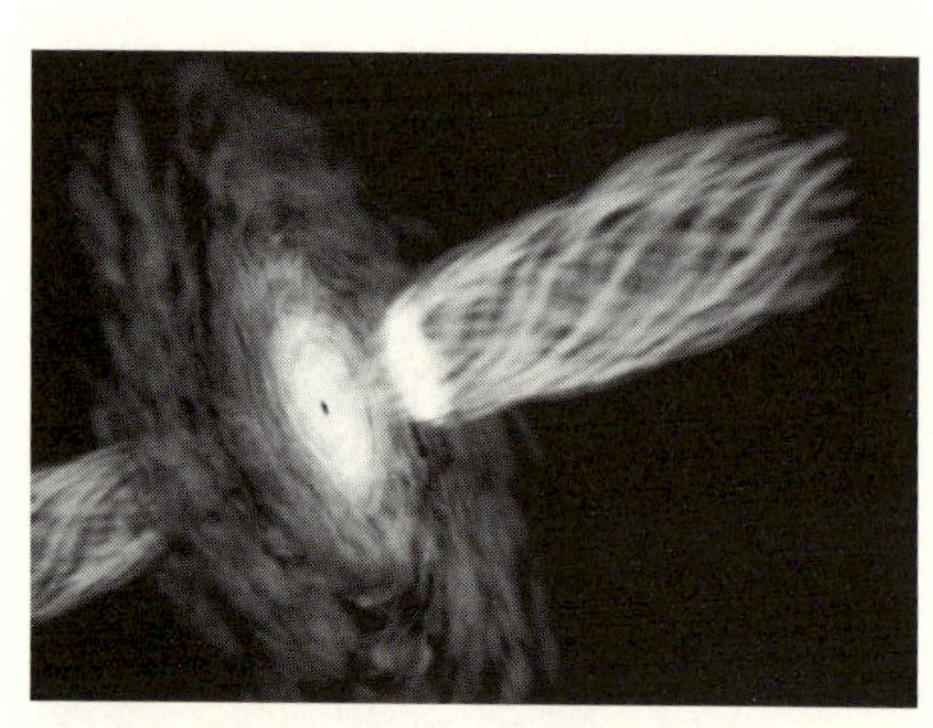

図6-10　ブラックホールの想像図

降着円盤が中心のブラックホールに落ち込み、そのうちの一部のガスはジェットとして外に放出される。

(国立天文台/And You Inc.)

降着円盤

ブラックホールの重要な3成分のうち、降着円盤についてもここで少しだけ説明を加えておきます。クェーサーなどの活動天体で、エネルギーを効率良く発生させているのが降着円盤で、回転しながらガスをブラックホールに落とすという重要な役割を果たしています。

そもそも、ブラックホールの周囲にはなぜガス円盤ができるのでしょうか？　じつは、ブラックホールにガスを落とそうとしても、よほどのことがない限り、まっすぐブラックホールに落とすことはできません。これはブラックホールという「的」が小さいために、そこに向けて遠くから物を投げ込んでも、なかなか当たらないからです。「的」から外れたガスは、結果的にブラックホールの引力に引きつけられて、その周りをぐるぐると回り出します。このようなガスがブラックホールの周りに円盤を形成し、周回しながら徐々に落ちていくので、降着円盤と呼ばれるのです。

およその描像としてはこれで問題ないのですが、さらに突っ込んで考えると、「本当にガスは効率良くブラックホールに落ちるのか？」ということが、じつは大きな疑問になります。たとえば、地球は太陽の周りを公転していますが、決して太陽に向かって落ちていくことはありません（そんなことが起きたら大変です）。中心天体に重力で引っ張られるだけでは、基本的に「物は落ちない」のです。

これは降着円盤のガスでも同様です。もし、ガスの中の粒子が、中心のブラックホールの力のみを受ける場合、ガスはブラックホールの周りを周回運動するだけで中心に落ちていきません。ガスが落ちないということは、重力エネルギーを取り出すこともできませんから、クェーサーを巨大ブラックホールで説明するシナリオは破綻してしまいます。では、実際の降着円盤ではどうやって物を落としているのでしょうか？

結論からいえば降着円盤では、ガスに「粘性」による摩擦が働くため、ガスの軌道を変えて中心に落とすことができます。粘性とは何かというと、文字どおり納豆のような「粘り」を考えてもらえばよいでしょう。たとえば、納豆をかき混ぜる場合、箸が直接触っている豆粒以外の豆も引きずられて回転します。これがもし、砂糖や塩のようなさらさらしたものをかき混ぜる場合はまったく違っていて、箸が当たらない粒子はほとんど動かないでしょう。降着円盤内のガスの粒子でも、このような粘性が効果的に働くと、円盤内のガスの軌道が乱され、中心のブラックホールにうまく落とすことができます。

このような粘性を考えて降着円盤の物理量を定式化したものが、αモデルと呼ばれる降着円盤のモデルです。このモデルはシャクラとスンニャエフという研究者によって１９７３年に提唱されました。粘性によってガスがじわじわと中心に落ちていく過程で放射を出すというモデルで、円盤の明るさや温度分布などを、比較的簡便に記述することができます。この後発展するさまざまな降着円盤のモデルの中でも最も基本的なもので、「標準円盤」と呼ばれています。標準円盤は物質が中心天体に落ちていくときに解放する重力エネルギーを、効率良く放射に変換するので、クェーサーのような天体の明るさをよく説明することができます。

第7章

宇宙は巨大ブラックホールの動物園

巨大ブラックホールの観測が進むにつれ、宇宙にはさまざまな性質を持つ巨大ブラックホールがあることがわかってきました。穴に物が落ちるだけの単純な天体が、なぜこのような多様性を示すのでしょうか。

1970年代中頃までに巨大ブラックホールの概念が基本的に確立し、活動銀河中心核は巨大ブラックホールとその周囲の降着円盤、そしてジェットという3つの成分からなるシステムとして考えられるようになりました。わずか3つの成分ですし、そこで行われていることといえば、重力によってガスを集めてブラックホールに落とすだけですから、きわめて単純なシステムということができます。ところが多くの活動銀河中心核を観測していくと、非常に多種多様な性質を持っていることが明らかになります。ちょうど、人間の顔が目、鼻、口といったわずか数個のパーツからなっているにもかかわらず、誰一人として同じ顔の人がいないように、活動銀河中心核も一つとして同じものがないくらい多様性に富んでいるのです。本章では、そのような巨大ブラックホールが示す多様性について説明しましょう。

活動銀河中心核の分類

クェーサーが発見されて以降、光や電波を用いた活動銀河中心核の観測が盛んに行われて、多くの活動銀河中心核が発見されていきます。宇宙論的な距離にあるクェーサーの観測が進む一方で、銀河系の近くで見られるセイファート銀河のような弱い活動銀河中心核も、くわしく観測されていきます。そして、これらの性質を調べていくと、活動銀河中心核にはさまざまな種族があることがわかってきます。

歴史を振り返ってみると、活動銀河中心核として初めての分類が行われたセイファート銀河（第4章）は、スペクトルに見られる輝線の速度幅によって、1型と2型の2つの種類に分類されました。セイファート1型の方が線幅は広く、セイファート2型は輝線の幅が狭いタイプです。また、第5章で説明したように、クェーサーは宇宙遠方にある非常に明るい活動銀河中心核でした。最も明るいクェーサーは太陽の1兆倍程度と、銀河全体よりも明るく輝いています。このような光度の違いが、クェーサーとセイファート銀河の最も大きな差になります。このように活動銀河中心核の初期の研究では、スペクトルや明るさといった、光で観測される性質によって分類がされていました。

複雑化する種族

一方で、電波天文学が進歩すると、電波の強弱も分類の指標として使われるようになります。たとえば、活動銀河中心核は、電波の強いグループと弱いグループに分類することができます。セイファート銀河は電波が弱いグループに属します。クェーサーも大概は電波が弱いですが、なかには電波が強いものもあり、電波の強弱は天体に依存しています。また、電波が強い活動銀河中心核は楕円銀河の中心核であることが多いです。このように電波で観測される性質も活動銀河中心核の理解につながると考えられるようになります。

図7-1　ケンタウルス座A（左）とヘラクレス座A（右）の写真

電波と光を合成したもの。銀河中心から伸びる電波ローブの大きさが、ケンタウルス座Aは光で見える大きさと同程度である（FR I型）。一方、ヘラクレス座Aは光で見える銀河の大きさの何倍も大きな電波ローブを持つ（FR II型）。(ESO/NASA/ESA/S. BAUM/C. O'Dea/R. Perley/W. Cotton/the Hubble Heritage Team)

さらに、干渉計の進歩によって、活動銀河中心核の電波写真が撮れるようになると、電波の見た目の形状も分類に利用されるようになります。図7－1には、電波銀河の「ローブ」の写真を示してあります（ローブとは「耳たぶ」のように丸く飛び出した形状を指します）。図にあるように銀河中心から出る電波のローブが、銀河の外の空間に広がって「吹き出し」のような構造を作っています。このような電波ローブを持つ銀河のうち、ローブが比較的小さく暗いのがFRⅠ型（図7－1左）、大きくて明るいのがFRⅡ型（図7－1右）と分類されます。なお、「FR」はこの分類を提案したファナロフとライリーという2人の研究者の頭文字からきています。

ここまでですでに、光の輝線、光の強さに加え、電波の強さ、電波ローブの大きさの4つの分類指標が出てきました。もし各々の指標ごとにタイプを2つにわけると、この4つの指標のすべての組み合わせは2×2×2

×２＝16通りになり、かなり多くの種類になります。そして、さらに話を複雑にすることに、このような分類をすると、かならずうまく分類できない天体が現れます。一つは、境界線上にありどちらに分類したらよいか判断に迷う天体で、もう一つは例外的な天体です。人間社会でもそうですが、「原則」を作れば、必ず「例外」が生まれます。

例外をあげるときりがないですが、最も有名な例で、光の輝線の分類の例外をあげておきましょう。クェーサーもセイファート銀河も、輝線が見えるというのが基本的な性質でした。ところが、このような輝線がほとんど見えない種族があります。それにもかかわらず、クェーサー並みの明るさを持っていたり、あるいは電波銀河のように電波が強かったりと、他の指標では活動銀河中心核の性質を示します。このような天体で代表的なものに「とかげ座ＢＬ星（BL Lac）型天体」という天体があります。最初は特殊な変光星として考えられていましたが、その後の詳しい観測で、輝線をほとんど示さない変わった活動銀河中心核として認識されたのです。

宇宙は活動銀河中心核の「動物園」

ここまで来ると分類が複雑すぎて混乱してきた読者もいるのではないでしょうか。じつは天文学者も同じです。さまざまな分類の指標と、それに収まりきらない例外の存在とで、今や活動銀河中心核の分類はあまりに細分化されてしまいました。このような状況を面白おかしく表して

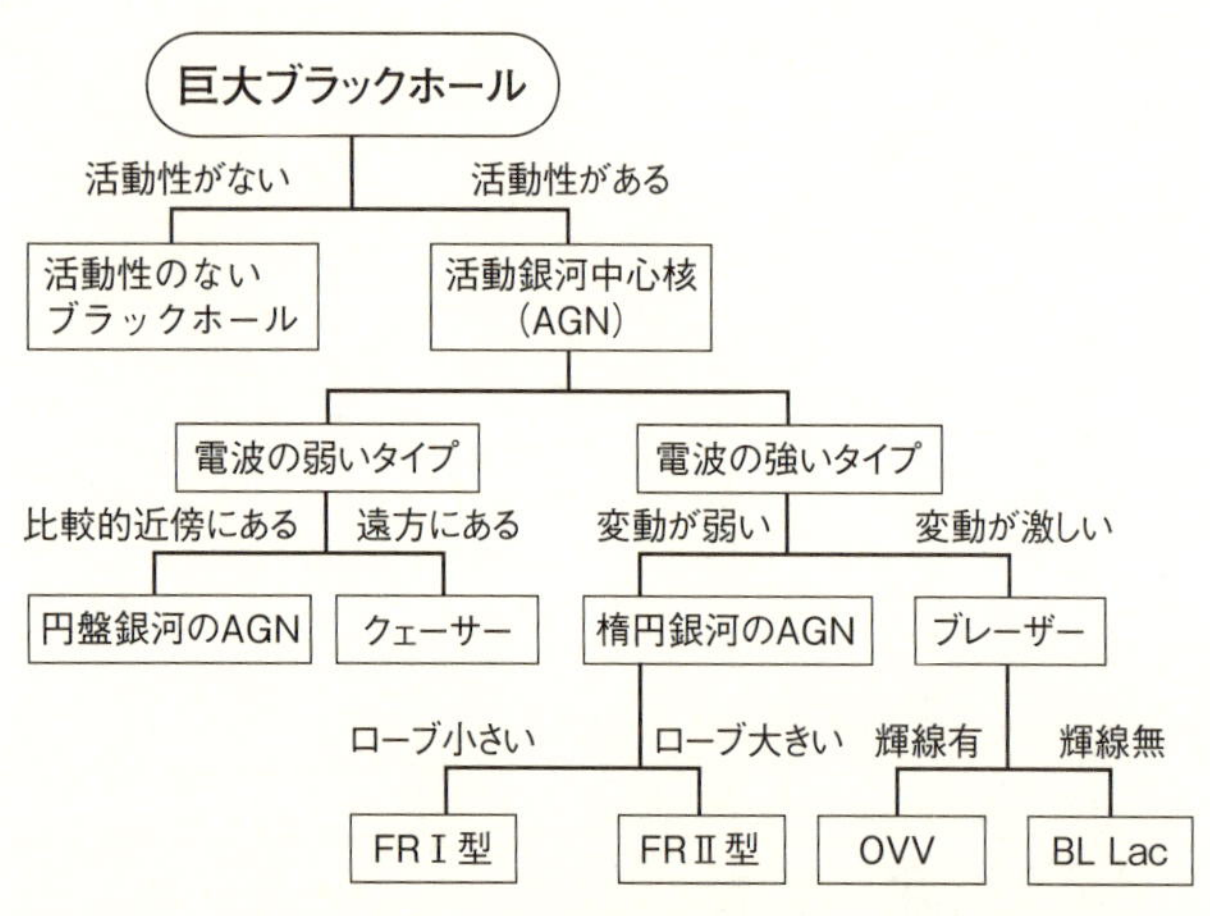

図7-2　巨大ブラックホール／活動銀河中心核の分類の一例

〝AGN Zoo〟（活動銀河中心核の動物園）と呼んだりもします。動物園に行けばたくさんの種類の動物がいるのと同じで、宇宙には多種多様な活動銀河中心核があるというわけです。図7－2にはその一例として、先ほど説明した指標を基に巨大ブラックホールと活動銀河中心核を系統樹的に分類してみたものを示してあります。

ただし、本当の動物園と違って、〝AGN Zoo〟の分類の仕方はきっちりと確立されているわけではありません。図7－2の分類もあくまで一つの例であり、他の指標を用いた分類のやり方もあります。ただ、これ以上いろんな指標を出しても混迷を深めるだけなので、分類の話はここまでにします。ですが、ここで改めて強調したいことは、「活動銀河中心核がこれだけ豊かな多様性を示す」ということです。どの天体も、ブラックホール＋降着円盤＋ジェットから成り立つ単純なシステムなのに、人間と同様に多様な個性を持っているのです。

統一モデル

このように多くの指標、多くの種族があるとわかると、何だか散らかった部屋で暮らしているみたいで、居心地の悪さを感じてしまいます。状況を整理し、なるべく簡単に説明したくなるのが人情です。じつは、活動銀河中心核のこのような多様性を比較的簡単に説明するシナリオが提唱されています。活動銀河中心核の「統一モデル」というものです。さまざまな性質を持つ活動銀河中心核を、ブラックホールと降着円盤とジェットという共通のシステムで、ただし、いくつかの物理的な条件（パラメーター）を変化させるだけで説明しようというものです。

統一モデルにおいてまず重要なパラメーターは、ブラックホールを含むシステムをどの方向から見るか、という視線の方向です。図7－3を見てください。この図には、活動銀河中心核の基本的な構造を示しています。ブラックホールの周辺には降着円盤があり、そのさらに外側には、分厚いドーナッツ型の「トーラス」があります。トーラスは降着円盤にガスを供給する元です。ブラックホールから離れているので比較的温度が低く、分子や塵などが存在しているために光などの電磁波を吸収しやすい性質を持ちます。また、これらのガスと垂直な方向に、ジェットが出

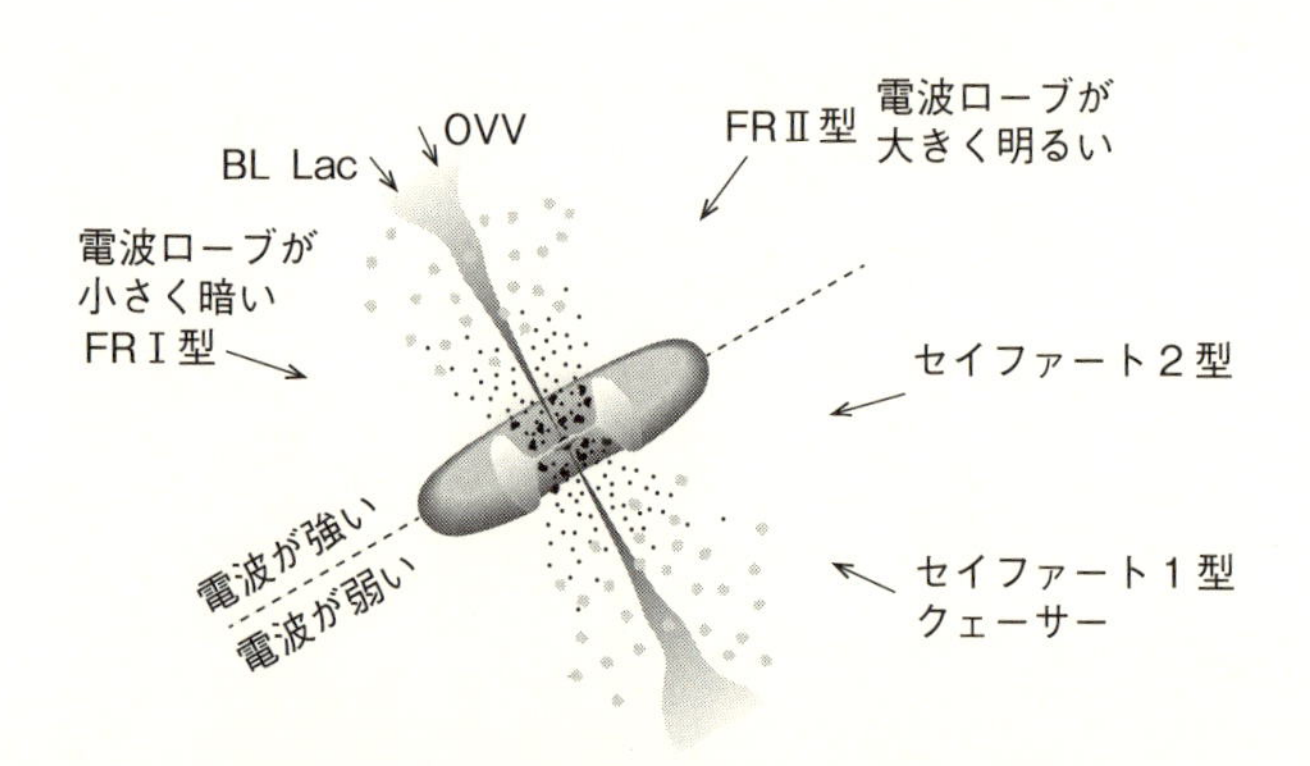

図7-3　活動銀河中心核の模式図

中心にブラックホールと降着円盤があり、降着円盤の周囲には、ドーナッツ構造の「トーラス」がある。また、円盤に垂直な方向にジェットが出ていく。このような天体をどちらから見るかの視線方向の差で、観測される性質も変わる。（Urry & Padovani 1995の図から作成）

ています。統一モデルは、このような系をどちらから見るかで、観測される性質の変化を説明します。

たとえば、この天体を真横から見たとしましょう。このときは、ブラックホールに近い中心部の領域はトーラスにさえぎられて隠されてしまいます（ドーナッツを横から見ると真ん中の穴が見えないのと同じです）。このため、ブラックホールのすぐそばにあって、速い速度で動いているガスは見えません。つまり、このような天体は輝線の速度幅が小さい天体として観測されます。この天体はセイファート２型の活動銀河中心核に対応します。

一方で、もう少しジェットに近い側からこのようなシステムを観測すると、中心に近いガス速度の大きい部分まで見通せます。その場合は、セイファート1型やクェーサーのような輝線幅の広いスペクトルになります。また、活動銀河中心核の中で明るい種族であるクェーサーには輝線の狭いタイプのものが少ないのですが、これはトーラスによる吸収のため輝線の狭いタイプは明るい天体として観測されない、ということで説明できます。

さらにブレーザーという種族では、このような天体のジェットをほぼ真正面から見るような向きから観測していると考えられます。このような場合、光の速さに近いスピードでジェットが観測者に向かって飛んでくるために、相対論的な効果によってジェットがたいへん明るくなり、その結果として、ブラックホール近傍の電離したガスからの輝線が観測されにくくなるのです。また、第6章で説明したジェットの「超光速運動」は、このようにジェットを正面から見ているケースで観測されるものです。ブレーザーの多くで、VLBIの観測から「超光速運動」が見つかっていることも、この説が正しいことを支持しています。

このように「統一モデル」は、見かけの方向を変えるだけで「AGN動物園」のさまざまな種族を説明できます。現在このモデルは活動銀河中心核の性質を語る上で標準的なものになっています。

活動性の大小を決める降着率

ここまでは、活動銀河中心核を観測する方向によってその見かけの性質が左右される、ということを説明しましたが、もちろんこれだけですべての性質を説明することは困難です。観測する方向は活動銀河中心核そのものとは関係のない、いわば「外的」な要因でしたが、活動銀河中心核そのものの「内的」性質の違いもあるはずです。その内的な性質を決めるうえで重要になるのが、ブラックホールにどれだけガスが落ちるかを表す「降着率」です。

第6章でも述べたように、クェーサーの光度（太陽の1兆倍の明るさ）を説明するには、巨大ブラックホールに一年あたり太陽1個分の質量を落とす必要があります。また第6章で説明した、光度と降着率の関係を表す式にあったように、光度は基本的に降着率に比例します。ですので、もし降着率が半分になったら、クェーサーの光度も半分になってしまうはずです。さらに極端な仮定として、もし降着率が0になった場合、重力エネルギーがまったく解放されなくなるので活動銀河中心核の活動は止まってしまいます。このように考えると、活動銀河中心核の活動性には、降着率という「内的性質」も大きく影響しているはずです。

そこで出てくる次の疑問は、「降着率はどうやって決まるか?」、です。それを知るには、降着するガスの供給源を理解する必要があります。雨が降る量を予想したければ、その供給元である雲のことを調べる必要があるのと同じです。では、ブラックホールの活動性の源であるガスは、どこから降ってくるのでしょうか？　この答えはもちろん、「銀河の中にあるガス」です。たとえば、銀河系の場合、星に比べて10％程度の質量がガスとして存在していますので、ブラックホールがクェーサーとして輝くために食べるべき「餌」の量は十分にあります。

ここまでは簡単なのですが、さらに考えると難しい壁に突き当たります。それは、「銀河の中にあるガスをブラックホールにどうやって落とすのか」、という疑問です。天の川銀河の場合もそうですが、銀河内のガスは銀河の中を回転していて、遠心力と重力が釣り合っています。このようなガスは放っておいても銀河の周囲をぐるぐる回るだけで中心部まで落ちていきません。第6章では、降着円盤の中のガスをブラックホールに落とすのに「粘性」が必要であると説明しましたが、それと同じ理屈で、銀河の中を回転するガスを降着円盤まで落とすのも簡単でないのです。それでもクェーサーが宇宙に多数存在しているわけですから、実際に大量のガスがブラックホール付近まで落ちていっているはずです。

他力本願な活動銀河中心核たち

銀河のガスを中心へと供給する過程には、じつはその背後に「黒幕」が存在します。図7－4が、その黒幕を映し出した「スクープ写真」になります。これは、ハッブル宇宙望遠鏡が撮影し

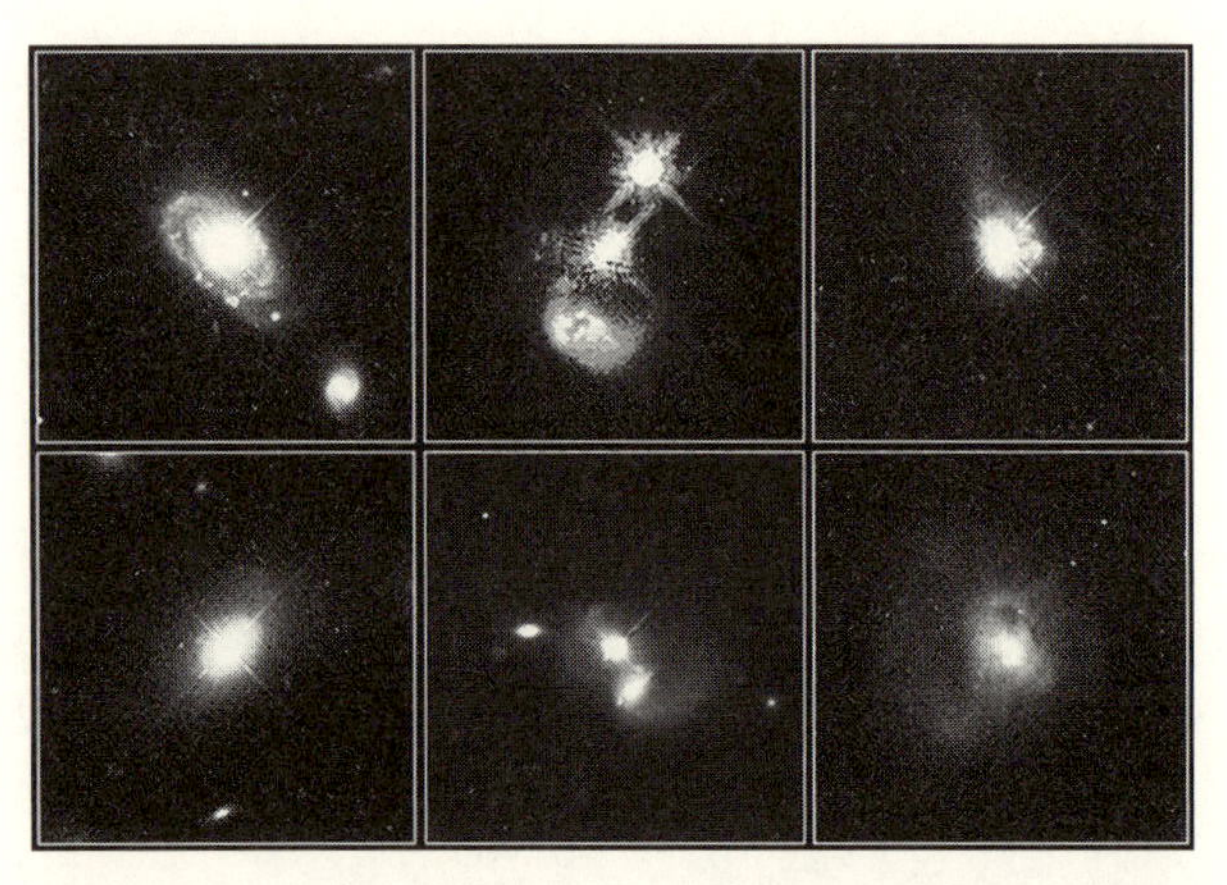

図7-4　クェーサーの母銀河をハッブル望遠鏡で撮影した写真

複数の銀河が近接していたり、不規則な形をしたりすることから、銀河同士の相互作用が起き、それによって銀河中心にガスが効率よく供給されていると考えられる。（J. Bahcall/M. Disney/NASA）

たクェーサーの写真です。普通の望遠鏡でクェーサーを見ると、中心核が明るすぎるために周りの銀河の構造が隠されてしまいます。しかし、ハッブル望遠鏡の高い視力を活かすと活動銀河中心核のみならず、周囲に広がる銀河（これを母銀河と呼びます）からの光も捉えることができます。写真を見てわかるように、クェーサーの母銀河はその周囲に別の銀河がいたり、あるいは母銀河自身が変な形をしていたり、という特徴を持っています。

じつはこれ、銀河同士が互いの近くを通りすぎたり（いわゆるニアミス）、銀河と銀河が衝突したりする様子を捉えています。銀河が別の銀河とある程度以内の距離に接近すると、お互いの重力によって影響しあい、形がゆがめられて銀河内の星やガスの運動の軌道が大きく乱されます。このような状態になると、ガスは銀河の中をきれいに回転していることができなくなります。そしてガス同士がぶつかったりして力を及ぼしあうことで、一部のガスが中心部に落ちていったり、また他のガスが銀河の外へ引きはがされていったり、という現象が起きるのです。

現在の標準的な理解では、銀河は銀河群や銀河団という銀河の集まりに所属しているものが多く、その中で銀河がニアミスしたり、衝突や合体をしたりすることは、しばしば起きると考えられています。このような「銀河の相互作用」により、銀河の中のガスが効果的に銀河の中心部に落ちていき、活動銀河中心核へ燃料を供給するのです。つまり、銀河の中心のブラックホールに火をつけるのは、母銀河ではなく、その隣人である別の銀河ということになります。活動銀河中心核はなんとも他力本願なシステムなのです。

これと似たことは身の回りでもよく起きていないでしょうか？　たとえば、自分自身ではなかなかやる気を出せない人が、周囲の影響を受けて俄然やる気になって頑張る、ということってありますよね？　じつは筆者もそのような人間の一人です。そして正直に書くならば、この本もそのような「相互作用」の成果物といえます。本を書くというのは孤独な作業で時間もかかるので結構大変です。それでも周りの人に「本、書けた？」、「早く読みたい！」と応援して（プレッシャーをかけて？）もらえたおかげでなんとか仕上げることができました。この場を借りて応援いただいた方に感謝申し上げます！

　このように、他の銀河の影響を受けることで巨大ブラックホールの活動性が点火されるのですが、どのような衝突や合体が起きたときにクェーサーになるのか、あるいは別の種族の活動銀河中心核になるのか、についてはまだいろいろな説があり、今後さらなる研究が必要です。

ブラックホール自身の性質

　降着率に加えて、内的な要因として活動銀河中心核の性質を左右する可能性があるのが、ブラックホール自身の性質です。ただし、相対性理論によればブラックホールは非常に単純なシステムです。たとえば、球対称なシュバルツシルト解で表されるブラックホールの場合、その時空構造を特徴づける量はブラックホールの質量のみです。言葉を換えていえば、質量の同じシュバルツシルト・ブラックホールはまったく区別できない、ということになります（真空中にあって周りには何もない場合）。

　一方、もう一つのブラックホールのタイプに、カー・ブラックホールというものがあります。これは回転しているブラックホールに対応します。シュバルツシルト・ブラックホールの時空が質量のみで決まるのに対し、カー・ブラックホールでは質量とスピン（回転の度合い）の2つの量が時空を決めます。

この2つの物理量のうち、質量はエディントン光度（第6章）に関連して、活動銀河中心核の最大の明るさに関係しています。重いブラックホールほど降着率を大きくでき、最大の明るさも重さとともに大きくなります。

一方、回転しているブラックホールでは、その回転エネルギーを抜き出せることが知られています（この仕組みはペンローズ過程と呼ばれるものです）。ですので、ブラックホールの回転が、活動銀河中心核の活動性に影響を与える可能性も指摘されています。特に興味深いことに、回転のエネルギーを使うことで、降着円盤経由で解放される重力エネルギーよりもさらに明るく輝くことも原理的に可能です。また、活動銀河中心核の明るさだけでなく、そこから出ているジェットにも、ブラックホールの回転が影響を与えている可能性もあります。しかし、その関係性はまだはっきりと解明されておらず、これからの研究課題として興味深いテーマになっています。

隠れたブラックホールはあるか？

先ほど、活動銀河中心核の活動性は、主に「銀河の相互作用」という外的要因によって引き起こされることを説明しました。だとすれば、「その外的要因がない場合はどうなるのか？」という素朴な疑問が次にわいてきます。このような銀河では、中心部にガスをうまく落とすことができません。とすれば、巨大ブラックホールが中心部にあっても、「食べる餌」がないので活動できないはずです。「腹が減っては、戦はできぬ」というわけです。

このシナリオに沿えば、普通の銀河の中心に活動性を持たない巨大ブラックホールが潜んでいてよい、ということになります。銀河の中心には普遍的に巨大ブラックホールが存在し、たまたま外乱によりガスがそこに落ちていくものだけが活動銀河中心核として観測される、と考えることができるのです。

たとえば、我々の身近な銀河でいえば、天の川銀河の中心部は、クェーサーのような強い活動性は持っていません（ごくわずかな活動性があります）。また天の川銀河の隣の銀河であるアンドロメダ銀河M31も銀河中心の活動性は非常に低いです。これらの活動性が低い銀河の中心には「巨大ブラックホールがない」のではなく、「巨大ブラックホールは存在しているがそこに落ちていくガスが非常に少ない」、というのが上記のシナリオにおける解釈になります。このような「隠れたブラックホール」の考え方は現代のブラックホール研究において非常に重要です。実際、1980〜90年代になると、観測技術の発展とともに近傍銀河の中心部でブラックホールを探す研究が大きく発展し、活動性の低い巨大ブラックホールも次々と見つかっていきます。クェーサーの発見とともに遠方天体の観測から始まった巨大ブラックホールの研究が、いよいよ近場の銀河へとその対象を移していくのです。

第8章

巨大ブラックホールを探せ！

あらゆる銀河の中心に巨大ブラックホールがあるならば、私たちの住む天の川銀河の中心にも、巨大ブラックホールが存在するのでしょうか？　世界中の天文学者が銀河の中心部に注目しています。

巨大ブラックホールの存在が定着し、また天の川銀河などの普通の銀河の中心にもブラックホールがあるのでは、という可能性が出てくると、当然本当にブラックホールがあるかを調べてみたくなります。「巨大ブラックホール探査」です。もちろん、ブラックホール本体は、ジェットや降着円盤に比べてさらに小さいので観測が難しく、その存在や性質を明らかにしていくのは簡単ではありません。実際、直接的にブラックホールを見ることはこの本の執筆時点でも、まだできていません。しかし、直接的には難しくても、間接的にブラックホールを探すことが可能です。その昔ミッチェルも予言したように、ブラックホールの周りのガスや天体の運動を測ればよいのです。天体の運動は基本的に重力によって支配されますので、周囲の星やガスの運動を調べることで、そこにブラックホールのような重い天体があるかどうかを見極めることができるのです。

銀河中心の質量決定

巨大ブラックホールを探すときに、まず測定すべき量は質量になります。巨大ブラックホールがあるということは、銀河の中心に大きな質量の集中があるはずですから、それを検出することがブラックホール探査の第一歩です。私たちの日常生活でも「体重」は健康の重要なバロメーターですが、ブラックホール研究においても、まず体重を知ることが基本なのです。

天体の重さを測るには、その周囲にある星やガスの運動速度を測ります。重力が強いほど周囲の星やガスはそれに引っ張られて大きな速度を持つので、速度から質量を推定することができるのです。しかし、ブラックホールは銀河に比べるとたいへん小さいので、なるべく銀河の中心の小さな領域を見極めて質量を測ることが求められます。そのため、巨大ブラックホールを含んだ銀河中心領域の質量が、ちゃんと測定できるようになったのは、観測技術が進歩した比較的最近のことです。

巨大ブラックホールの質量測定を試みた研究は1970年代後半に始まります。そして1978年には、初めてM87の中心部の質量測定結果が報告されます。すでに述べたようにM87はおとめ座Aという電波源としても知られており、銀河系に比較的近い代表的な活動銀河中心核になります。ただ、「近い」とはいってもM87は天の川銀河の外、約5000万光年の彼方にある天体ですから、一個一個の星を分解して、それぞれの速度を測ることはできません。代わりに、ある領域内の星を一度に多数観測し、その場所の星々の運動による速度の幅を観測します（速度の測り方は第4章で説明したように、原子や分子が出す輝線を観測しドップラー効果を使います）。その速度幅を、銀河中心からの距離を変えて測定していくと、銀河の中でどのように星が動いているかの様子を描き出すことができます。

図8－1はM87での、そのような観測結果を示したものです。光学望遠鏡を用いてM87の星々

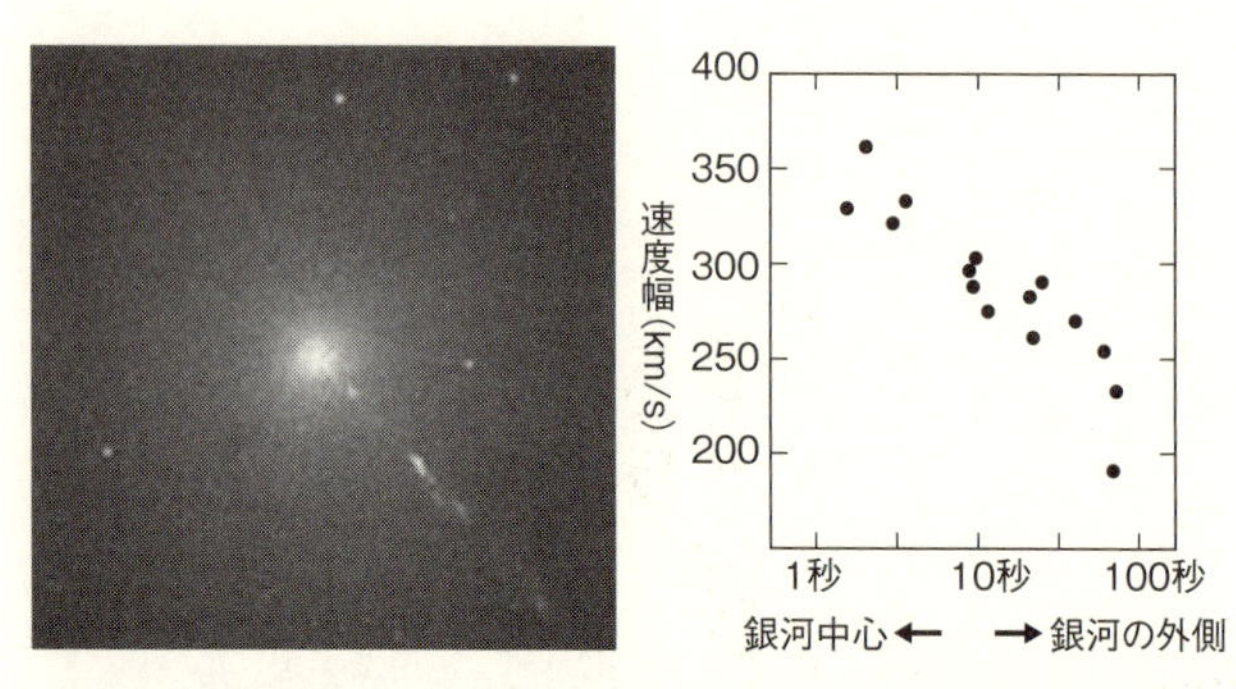

図8-1　楕円銀河M87の中心部（左）とそこでの速度幅（右）

中心部（右図の左側）へ近づくと、速度幅が増加する傾向が見える。ここから、中心部の1.5秒角（300光年に相当）の範囲に少なくとも50億太陽質量が含まれることがわかる。（左：NASA/The Hubble Heritage Team、右：Sargent et al. 1978の図から作成）

のスペクトルを観測し、速度を求めています。その結果、銀河の中心部に近づくに従って（図の左に向かって）速度幅が増大していることがわかります。つまり、銀河の中心に近い星々ほど、平均的に速い速度で運動しているのです。これは、銀河の中心に質量が集中していることを意味しています。実際、中心にブラックホールがあると仮定した方が、ブラックホールがないと仮定した場合に比べて、観測データをより良く説明できることも示されています。このような測定から、M87の中心部には太陽質量の50億倍もの質量が存在していることが指摘されました。

このように、観測された速度幅から銀河中心部にどれくらいの質量があるかを求めることが、ブラックホール探査の基本になります。本章ではこの後もブラックホールの探査に関する観測をいろいろ見ていきますが、常に速度を観測することが基本になっています。

まだまだ弱いブラックホールの証拠

Ｍ87で得られた結果は、銀河の中心に巨大ブラックホールが存在するというシナリオと良く合っています。しかし、これだけでは「ブラックホールが存在する」と結論づけることはできません。なぜなら、ブラックホールは光が脱出できないくらい重力が強くないといけないので、その大きさが十分に小さくなければいけないからです。たとえば、Ｍ87の中心に太陽の50億倍の質量を持った天体があったとして、それがシュバルツシルト半径より小さくなければ、ブラックホールにはならないのです。つまり、ブラックホールの存在を証明するには、その質量を測定するだけでは不十分で、その大きさまで測る必要があります。

先ほどのＭ87のケースでは、速度幅が測定されたのは、中心から１・５秒角以内の領域です（1秒角＝60分の1分角＝３６００分の1度）。この１・５秒角という角度の限界は、地上の光学望遠鏡による観測の場合、主に大気のゆらぎによって制限されています。皆さんが夜空を見上げると星はいつもまたたいて見えますね。光の望遠鏡で見ても同じようにまたたいて見えますので、その効果によって天体の像はおよそ1秒角程度にぼやけてしまいます。先ほどのＭ87の場合でも、このような効果のために１・５秒角よりもさらに中心に近いところの運動を観測することができませんでした。

さて、M87は銀河系から約5000万光年も離れていますので、1・5秒角という領域は実際の距離で360光年くらいの大きさに相当します。一方、50億太陽質量のブラックホールの大きさは150億キロメートル、あるいは100天文単位くらいになります。これは光の速さなら半日くらいの距離になります。つまり、360光年という領域は、期待されるブラックホールのなんと22万倍（!）もの大きさです。これだけ大きな領域には、中心のブラックホールだけでなく、その周囲に多数の星々が存在していると考えるのが自然です。したがって、50億太陽質量という質量がすべてブラックホールのものかは不明で、ブラックホールの証拠として不十分なのです。銀河中心のブラックホールの存在を検証するためには、ただ速度を測定するだけでなく、いかに銀河中心部の小さな領域で速度を測定するかが鍵になります。

アンドロメダ銀河のブラックホール

少し時代が下って1980〜90年代に入ると、M87につづいて、近傍の普通の銀河の中心部で速度幅が測定されるようになります。第7章で述べたように、活動性を持たない銀河にもブラックホールが隠れている可能性が高くなってきたため、普通の銀河も巨大ブラックホール探査の対象となってきたのです。

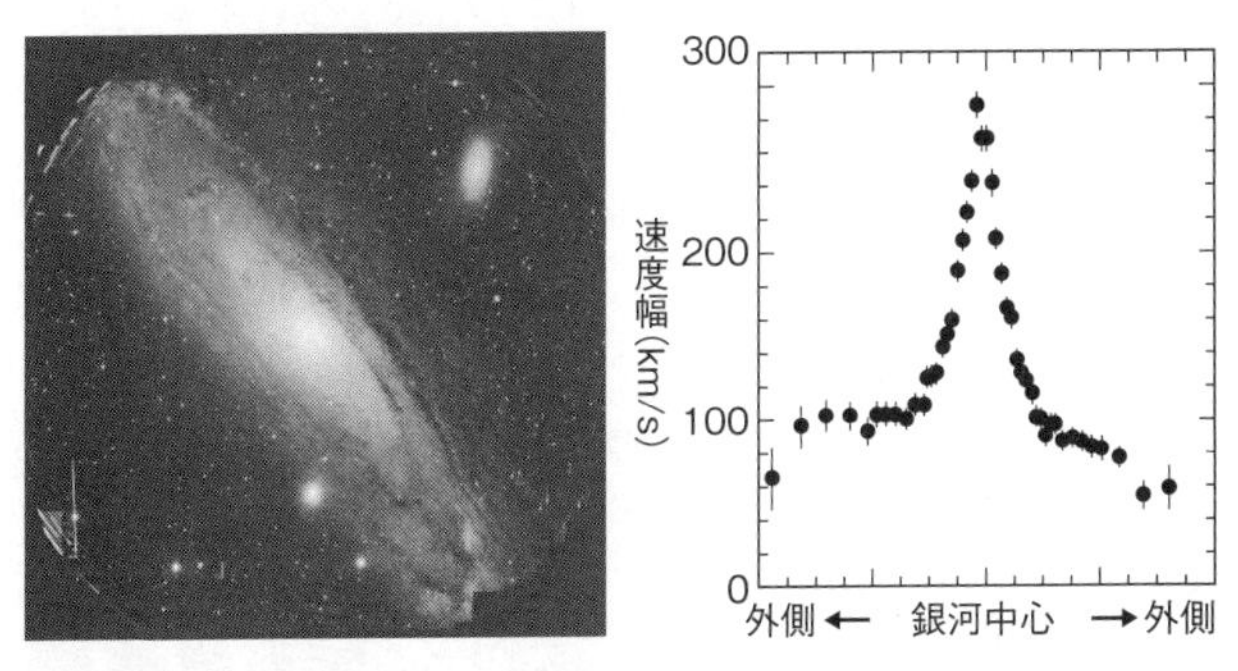

図8-2　M31（左）と、中心部での速度幅（右）

中心に向かって速度増加が見られ、ここから巨大ブラックホールに関連した大きな質量集中があることが示唆される。（左：HSC Project/国立天文台、右：Kormendy & Ho 2000の図から作成）

近場の銀河で代表的な銀河といえば、天の川銀河の隣人であるアンドロメダ銀河（M31）です。M31の中心部でもM87と同じように速度幅の増大が観測されました（図8－2）。ここからM31の中心部には3000万太陽質量程度の質量集中があることがわかります。M31は太陽系から250万光年と比較的近いので、M87に比べてさらに中心に近いところまで測定可能です。図8－2では中心から0・5秒角程度の領域で速度が測られていますが、実際これは銀河の中心から6光年程度以内の領域を見ていることになります。しかし、もし3000万太陽質量がすべてブラックホールの質量だったとしても、その大きさは約9000万キロメートル（光の速さでわずか5分）程度なので、観測している6光年という領域はまだずっと大きいことになります。ですので、このような巨大な質量が本当にブラックホールの存在を示しているのかどうかは、M87と同様まだ不確実です。

同様な観測は他の天体でも少しずつ進められ、似たような質量集中が見つかる例が徐々に増えていきます。たとえばM32というアンドロメダ銀河のすぐそばにある伴銀河（図8－2でアンドロメダ銀河のすぐ下にある小さな銀河）でもブラックホール存在の兆候が見つかりました。M32の場合、中心部の数光年に太陽の200万倍の質量があるという結果が得られました。M32は銀河としてM31よりも小さいのですが、中心部のブラックホールの質量もM31よりも一桁小さい可能性が指摘されたのです。さらに、ソンブレロ銀河として知られるM104の中心部でも、太陽の5億～10億倍程度の質量集中が見つかりました。

このように、近傍の普通の銀河の中心部で質量が測定された結果、どの銀河にも質量集中が見つかり、おそらくそこには巨大ブラックホールがあるだろう、との説が有力になってきました。また、その質量は天体によってまちまちであることもわかってきました。おぼろげながらも、巨大ブラックホールの存在の可能性と、その性質のばらつきとが見え始めてきたのです。

より良い証拠を求めて

銀河の中心に存在する大きな質量集中が本当にブラックホールのものかどうかを確認するには、さらに中心に近いところでの速度を測定することが必須です。ブラックホールの近くでは運動速度が光の速さに近づくことが期待されますので、そのような速い速度が観測できればブラックホール存在の有力な証拠になります。一方、これまで説明してきたケースでは、観測された速度幅はせいぜい毎秒200~300キロメートル程度でした。これは天の川銀河などの円盤銀河が回転する速度と同じレベルですから、これくらいの速度幅はブラックホールを考えなくても説明することが可能です。したがって、ブラックホール存在のより確からしい証拠を得るためには、ブラックホールにより近いところで非常に大きな速度を測定することが鍵なのです。1990年代に入ってこれが実現した画期的なケースが、NGC4258という近傍の銀河にある活動銀河中心核と、私たちの銀河系の中心にある、いて座Aスターになります。速度を測る測定の原理は同じですが、前者はVLBIの手法を用いて、また後者は赤外線の補償光学（大気のゆらぎを打ち消す手法）の技術を用いて、それを実現しています。

NGC4258の高速回転円盤

まずNGC4258（M106）のケースから見てみましょう。NGC4258は、銀河系から2500万光年程度離れた、比較的近傍の銀河です（図8-3）。中心部には比較的弱い活動銀河中心核が存在することが知られ、セイファート2型に分類されています。以前はごく普通の銀河の一つだったのですが、1990年代に入るとブラックホール研究の重要天体として大きく

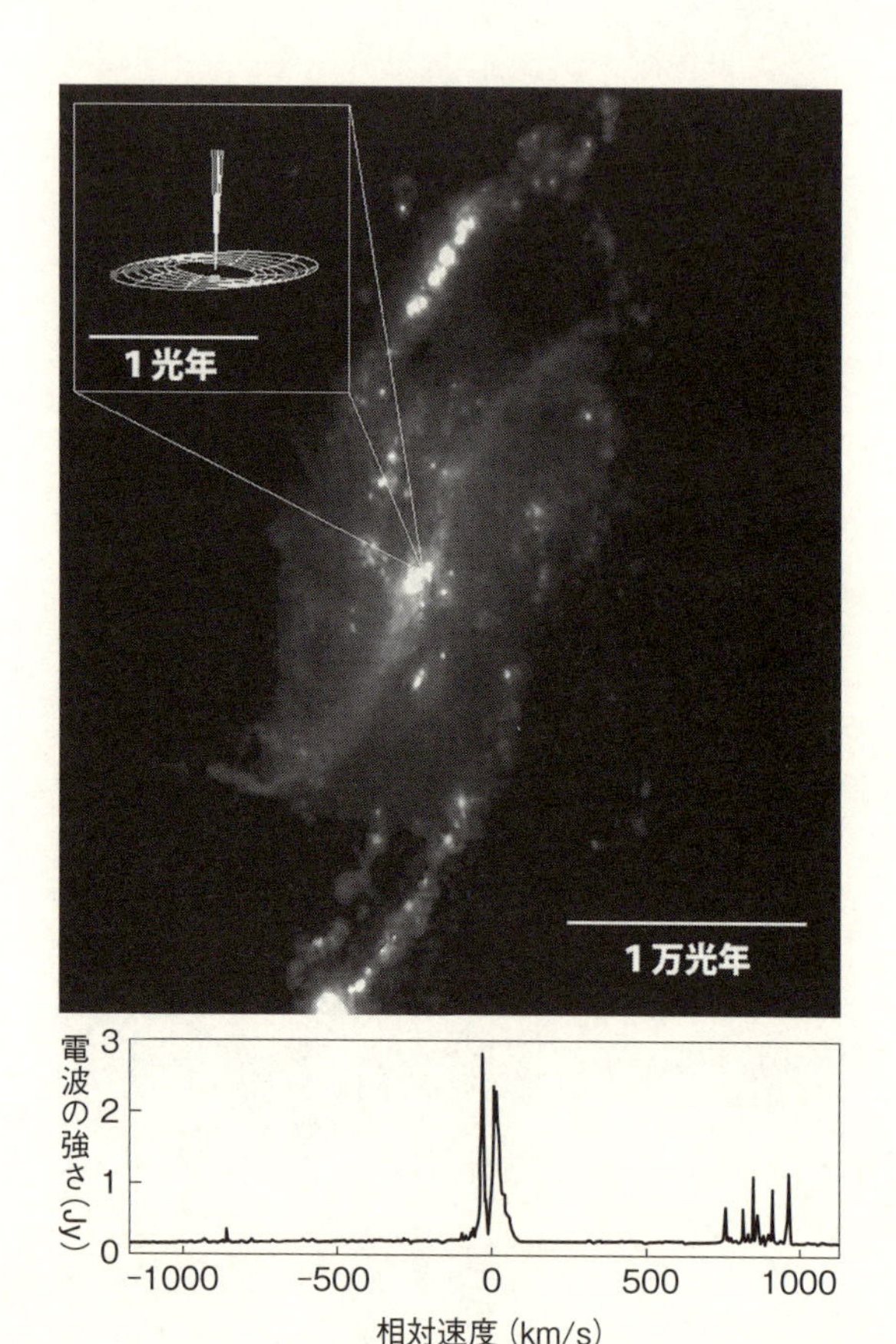

図8-3　NGC4258の高速回転円盤

上はNGC4258の光学写真。下は銀河中心部の水分子輝線のスペクトルで、中心成分に対して左右に見えているのが±1000 km毎秒の速度成分。これを、VLBIを用いて画像にすると、上図の囲み内のようなわずかにひしゃげた回転円盤の存在が明らかになった。(上：Miyoshi et al. 1995、下：Nakai et al. 1995の図から作成)

クローズアップされます。

最初にこの天体が注目されたきっかけは、この銀河の中心部で水分子の電波輝線がメーザーとして観測されたことです。メーザーというのは、レーザーと同じもので、特定の方向に強い電波が出る現象です（電波の場合にメーザー、光の場合にレーザーと呼ばれます）。この天体の水分子のメーザーは、銀河自身の後退速度（宇宙膨張により遠ざかる速度）と同じ約500キロメートル毎秒の速度を持った成分が最初に発見されました（図8－3下図中央の強い成分）。そして、このメーザーを何年間にもわたって観測すると、後退速度が増加するのが観測されたのです。つまり、メーザーを出すガスが加速度を持っているのです。しかし、その加速の原因は当初はよくわかりませんでした。

この銀河をめぐるその後の研究では日本の電波天文学者が大きな活躍をします。当時国立天文台の野辺山宇宙電波観測所で研究をしていた中井直正（なかいなおまさ）らはこのメーザーの運動に着目し、この天体を野辺山の45メートル電波望遠鏡で観測することにしました。その当時知られていたメーザーの速度は400～600キロメートル毎秒（幅にして約200キロメートル毎秒）程度だったのですが、野辺山の45メートル電波望遠鏡ではより幅の広い速度成分（最大幅4000キロメートル毎秒程度）を計測できる「余力」があったので、中井らは念のため速度の大きく離れたところのデータも取得しておきました。もちろん、これは装置に余裕があったためにデータをとっただけのことで、別に何かを期待していたわけではありませんでした。実際、観測を行った中井自身、観測当時は中心部の速度成分のデータしか見ておらず、「念のため」取得した部分のデータは何ヵ月か放っておいたそうです。

ここでそのデータを顧みることがなければ、その後の大発見はずっと遅れることになったかもしれません。しかし中井らは、しばらくの後、念のため取得した、中心から速度が1000キロメートル毎秒も離れた場所のスペクトルも見てみたのです。すると、そこには信じられないことに、水分子の輝線が存在していたのです（図8－3のスペクトルの両端）。しかも、さらに詳細にデータを見ると、中心成分に対して速度が遅い側と速度が速い側の両方で、水メーザーの輝線が見つかりました。幅にして2000キロメートル毎秒の速度ですから、M87やM31などで光の観測から得られた速度幅（数百キロメートル毎秒）よりもずっと大きいものです。また、スペクトルが比較的対称な形を持っていることから、回転のような単純な運動をしていることも示唆されました。だとすれば、ブラックホールの周りを高速で回転するガス円盤の存在が期待できます。

この結果が1993年に発表されると、その後すぐに追観測が行われました。そして、米国で完成したばかりのVLBI観測ネットワークVLBA（Very Long Baseline Array）を用いた高分解能観測が行われ、薄い円盤をほぼ真横から見ているような構造に水メーザーが分布していることがわかったのです。その速度の構造も回転する円盤のものとぴったり合っていました。この観測の結果から、NGC4258の中心質量は4000万太陽質量であることがわかりました。

このケースがこれまでの測定と違うのは、VLBIの高い分解能で観測され、運動が計測されたのが銀河の中心から0・4光年という非常に狭い領域だったことです。中心に近いため、観測される速度幅も2000キロメートル毎秒というこれまで例のない大きなものでした。そして、ガスが円盤状に分布し、中心天体の周囲をきれいに回転していることが確認されたのも初めてのことでした。これらの事実はいずれも、巨大ブラックホールの周囲で起きていると考えられてきた描像と非常に良く一致しています。

NGC4258の観測によって、巨大ブラックホールの存在可能性は飛躍的に高まりました。実際、もし仮にこの天体がブラックホールでなく、太陽4000万個分の星がこれだけ小さな領域に詰め込まれていたとすると、星があまりにも密集していてお互いにぶつかってしまい、安定に存在できません。ですので、最も自然なシナリオは、太陽4000万個分の質量を持った1個の天体が中心に存在しているという説で、そのような重さを持った天体で唯一可能性があるのはブラックホールであるということになります。この観測は、当時、最もブラックホールに近づいた観測だったのです。なお、NGC4258のVLBAによる観測成果も、国立天文台の三好真（みよしまこと）

ら日米の国際共同研究の成果としてまとめられており、ここでも日本人が大いに活躍していることを付記しておきます。

銀河系中心の巨大ブラックホールいて座Ａスター

次はいよいよ天の川銀河の中心の巨大ブラックホール候補天体、いて座Ａスターの話に移りましょう。先に紹介したＮＧＣ４２５８とならんで、１９９０年代後半に巨大ブラックホール存在の最も強い証拠が得られたのがいて座Ａスターです。

もともと、いて座Ａスターは、いて座で最も明るい電波源「いて座Ａ」として発見されました。これはボルトンたちが海面干渉計で電波天体の観測を始めたころの話です（第5章）。ところがその後の観測から、いて座Ａはたいへん複雑な構造をしていて、銀河系の中心部にあるガスや超新星残骸から放射される電波が複雑に重ね合わさっていることが明らかになっていきます。そしてその複雑ないて座Ａの中で、ＶＬＢＩの高い視力でも「点」にしか見えないコンパクトな電波源が見つかります。これが「いて座Ａスター」です。１９９０年代前半にはこの天体が1ミリ秒角程度の大きさであることがわかり、銀河系中心の巨大ブラックホールではないか、という可能性が指摘されていました。しかし、質量がわからないうちはもちろんそれを確かめることはできませんでした。

いて座Aスターのある領域は銀河系の中心部のため、星がたいへん混み合っています。さらに、銀河系の円盤内には、星が生まれる材料となる冷たいガスや塵が大量にあるため、銀河中心の方向から来る光は強い吸収を受けてしまいます。たとえば、天の川を肉眼で見ると、暗く星が見えない領域があるのはこのためです。これらの理由によって、銀河系の中心方向の天体の観測は光ではたいへん難しかったのです。

ところが1990年代になると、赤外線の観測技術が大きく進歩してこの状況が変わります。赤外線は光に比べて波長が長いために、冷たいガスによる吸収を受けにくく、銀河系中心の観測に適しています。さらに、補償光学という大気のゆらぎ（星のまたたき）を取り除く技術が進歩したために、いて座Aスターの周辺にある、たくさんの星々を一個一個分解して観測できるようになったのです（図8－4）。

いて座Aスターのすぐそばにある星の運動を、10年以上にわたって測定した結果、これらの星々は猛スピードでいて座Aスターの周りを運動していることが明らかになりました（図8－5）。その速度はじつに毎秒3000キロメートルにも達しています。なかでも、いて座Aスターに最も近いS2と呼ばれる星は、15年でいて座Aスターの周りを一周して元に戻ってくる様子まで観測されました（図8－5右）。このように、いて座Aスターの周囲の星で速い運動が測定されるということは、当然そこに強い重力源が必要で、その重さは星の速度から太陽の400万

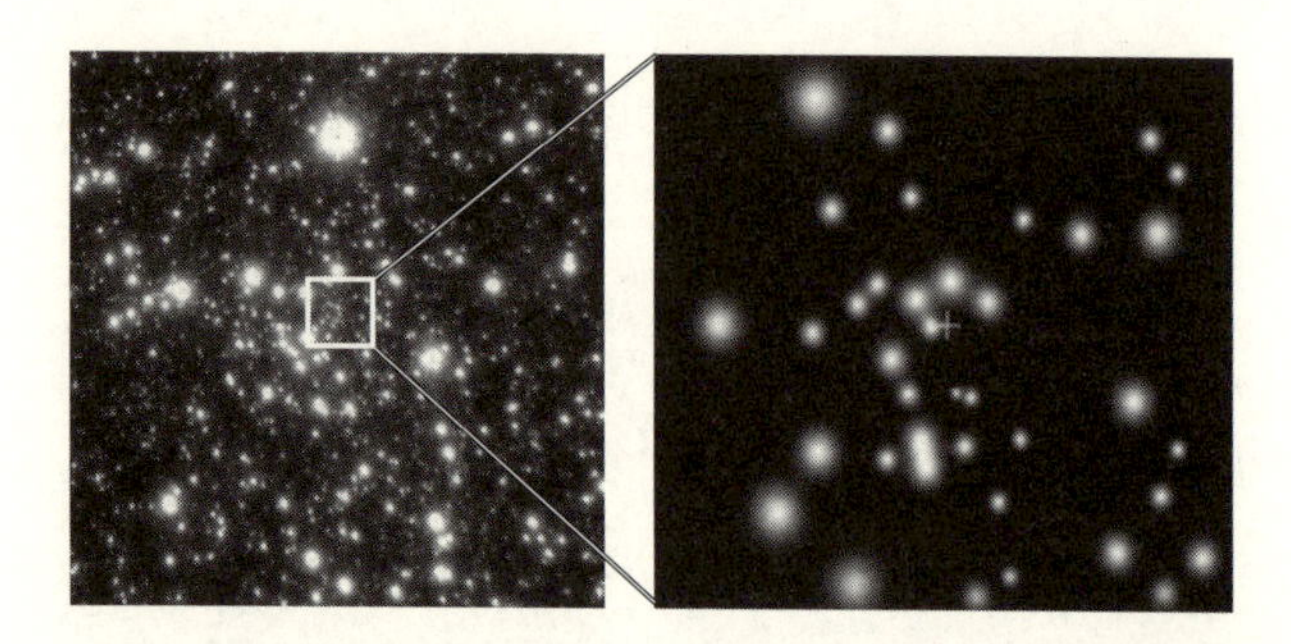

図8-4　天の川銀河の中心部、いて座Aスターの周辺の赤外線写真

左の中心部をさらに拡大したものが右の写真。ブラックホール候補であるいて座Aスター自身はこの写真には写っていない。右側の写真の中心部の星々の運動を10年以上にわたって観測した結果、これらの星は最大で秒速3000キロメートルの速度を持つことがわかった。(ESO)

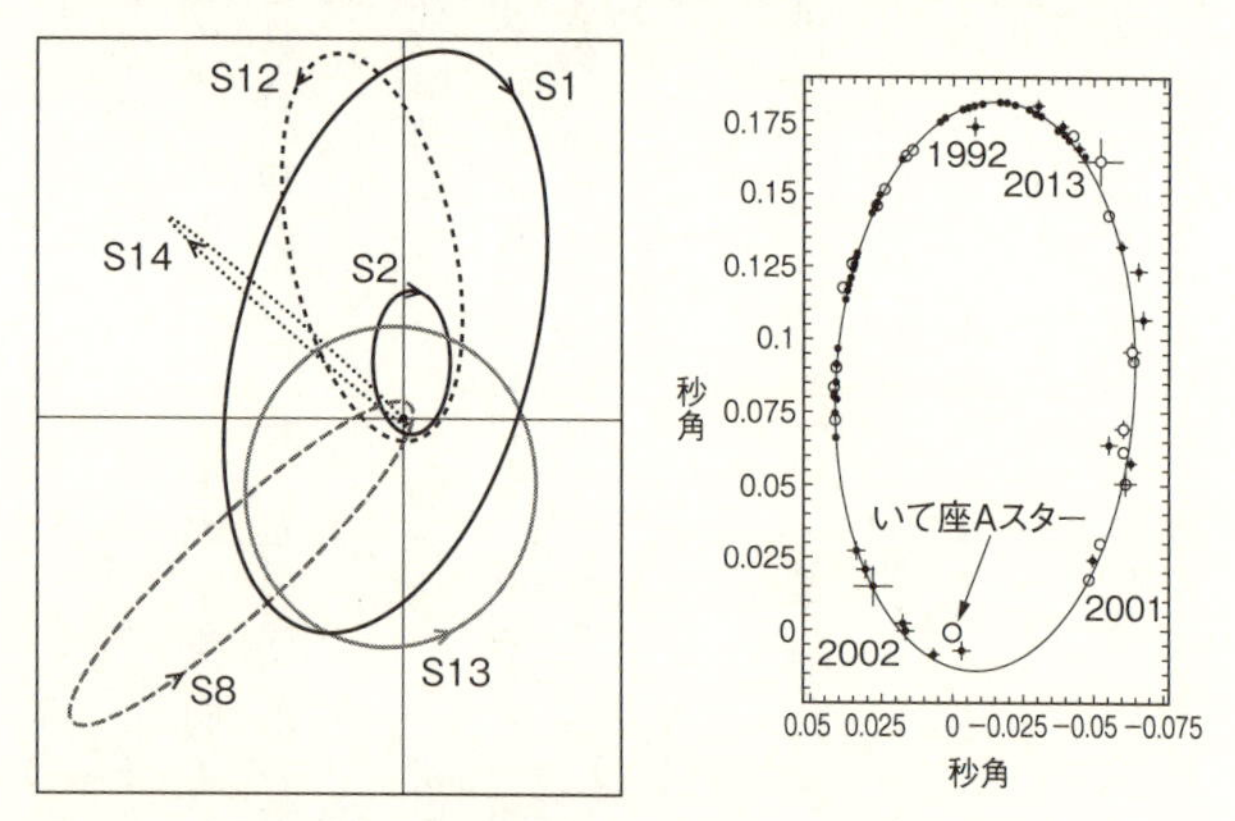

図8-5　いて座Aスターの周囲の星の軌道の模式図

これまでの観測からいくつかの天体でいて座Aスター周りの楕円軌道運動が測定されている（左図）。これらの楕円軌道の焦点にブラックホールが存在し、楕円運動の速度からその質量が太陽の400万倍と求まる。右図はそのうち最も内側のS2という星の軌道で、約15年で軌道を1周する。（左：Eisenhauer et al. 2005、右：Schödel et al. 2002の図から作成）

倍と求まりました。また、その重力源の位置は、電波で見えるいて座Ａスターと誤差の範囲でほぼ一致していることも明らかになりました。

さらに、一番近くを周回しているＳ２がいて座Ａスターに最も近づいたときの距離は１２０天文単位です。つまり、いて座Ａスターが太陽の４００万倍の質量を持ち、かつその大きさは１２０天文単位よりも小さいことを意味しています。これは、ＮＧＣ４２５８よりもさらに確からしいブラックホールの証拠ということができます。これまで近傍銀河ではどれも中心に巨大ブラックホールがあるらしい、ということを説明してきましたが、私たちの天の川銀河では、それよりもさらに強い確からしさで、中心に巨大ブラックホールがある可能性が高くなったのです。

なお、これらの観測は、米国のカリフォルニア大のグループと、ドイツのマックス・プランク研究所の２つのグループがそれぞれ独立に競争しながら今日まで研究を進めてきています。素晴らしい研究成果の裏には、熾烈な競争があるのもまた事実です。

第9章

進む理解と深まる謎

巨大ブラックホールの研究が進み、その理解が深まっていくとともに、新たな謎も多く生まれました。現在も残された、巨大ブラックホールに関する大きな謎と、その解決の可能性について紹介します。

前章までに見てきたように、今や巨大ブラックホールは私たちの天の川銀河も含めた多くの銀河で普遍的に存在すると考えられます。また、巨大ブラックホールの質量は銀河ごとに異なっていて、何桁にもわたって広い幅を持つことがわかってきました。巨大ブラックホールの研究が進み、その理解が深まっていくとともに、新たな謎が多く生まれてきたのです。ここでは、現在も残された巨大ブラックホールに関する主要な謎とその解決の方向性について、考えられるシナリオや今後の検証方法なども交えながら紹介したいと思います。

巨大ブラックホールの起源

どの銀河にも普遍的に巨大ブラックホールが存在することがわかってくると、まず出てくる大きな疑問は、「このような巨大ブラックホールがどのようにしてできたか？」ということです。この当たり前の疑問は、じつはまだはっきりとした答えが得られておらず、現代天文学の大きな謎として残されています。

実際、巨大ブラックホールの起源は、第1章で説明した恒星質量ブラックホールの場合と比べるとかなり不透明な状況です。恒星質量ブラックホールは、太陽の何十倍もある大質量星がその一生を終えるときにできることがわかっていますので、その形成過程は大まかには解明されているといってよいでしょう。ところが、銀河の中心にある巨大ブラックホールの場合は、その形成過程がまったくわかっていないのです。このような大きな質量を持ったブラックホールが、宇宙の138億年の歴史のなかのどこかのタイミングでさっと作られたのか、あるいは時間をかけてじわじわと成長してきたのか、ということすらわかっていません。ただし、宇宙誕生から10億年程度のきわめて若い時期にもいくつかのクェーサーが存在していることから、比較的短時間で大きな質量のブラックホールを作ることも可能であることはわかっています。ですので、小さなブラックホールにじわじわとガスを落としてゆっくり成長させるという説よりは、銀河が合体による成長を繰り返すなかで、ブラックホール同士もどんどん合体して急速に成長していくような可能性が考えられています。

現在のところ謎である巨大ブラックホールの形成シナリオですが、その鍵を握ると思われている関係が、「マゴリアン関係」と呼ばれるものです。これは、銀河の楕円体成分の質量と、その中心にあるブラックホールの質量に、相関があるというものです。ここで、銀河の「楕円体成分」が何を指すかは、図9－1をご覧ください。楕円銀河の場合、銀河全体が「楕円体」です。一方、天の川銀河のような渦巻銀河の場合には、銀河円盤の中心部の領域が楕円体状に膨らんでいます。この領域は「バルジ」と呼ばれていて、これが渦巻銀河における「楕円体成分」になります。マゴリアン関係は、このような「銀河楕円体」の質量とブラックホールの質量に比例関係があることを表しています。楕円銀河でも渦巻銀河でも、基本的には楕円体成分が大きければ大

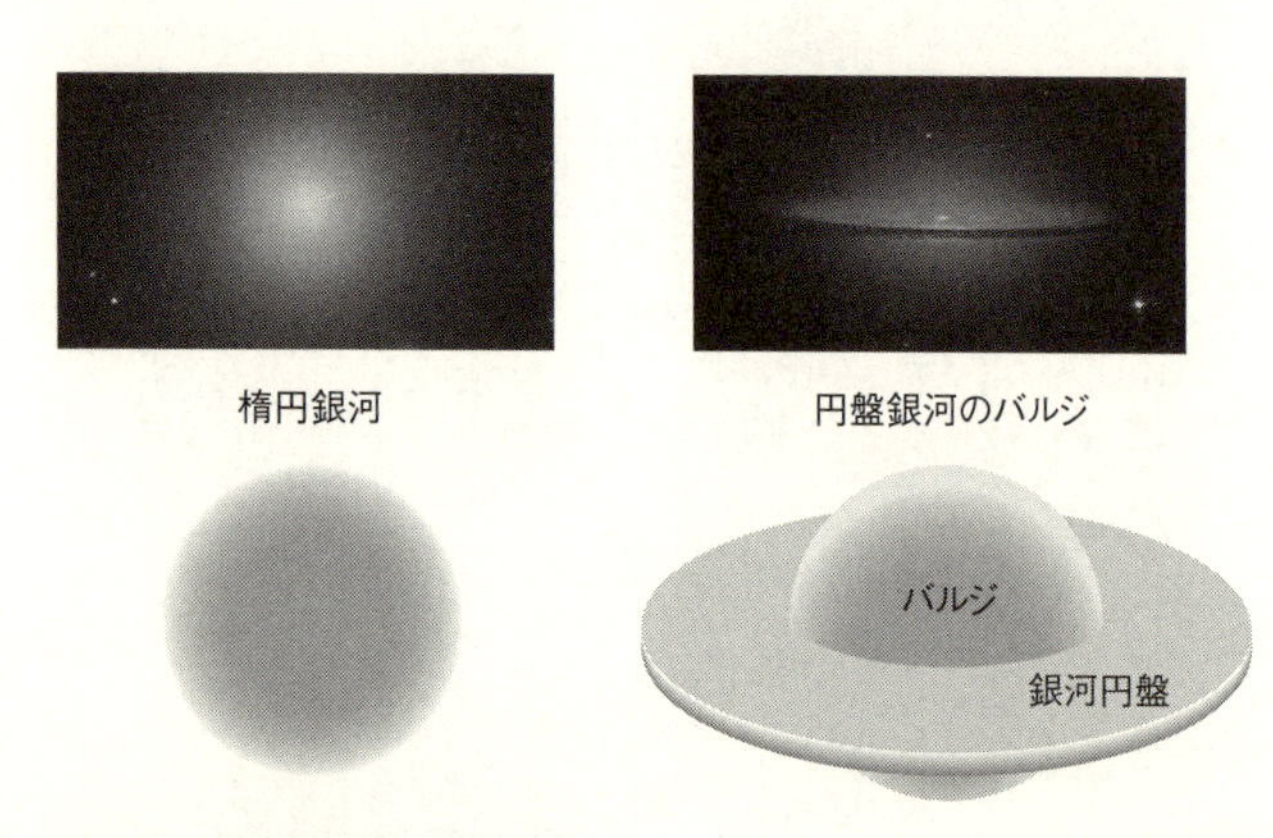

図9-1　**銀河楕円体の説明図**

楕円銀河の場合は銀河全体が銀河楕円体に相当し、円盤銀河の場合は中央のバルジがそれに相当する。(写真左：国立天文台、右：NASA)

きいほど、ブラックホールの質量も大きくなるのです(図9－2)。銀河によってその値にばらつきはありますが、平均的にみると巨大ブラックホールの質量は楕円体の質量の0・1～0・2%程度になっています。

このマゴリアン関係はどのような意味を持っているのでしょうか? 現在の天文学者たちは、銀河とブラックホールがお互いに影響を及ぼしあって成長した結果、このような関係が成り立っていると考えています。これを銀河とブラックホールの「共進化」といいます。宇宙の年齢138億年の間に銀河が現在の姿へと成長・進化していくなかで、巨大ブラックホールも銀河とともに現在の姿に成長したと考えられるのです。しかし、ここでも大きな疑問が一つあります。それは、「ブラックホールが銀河楕

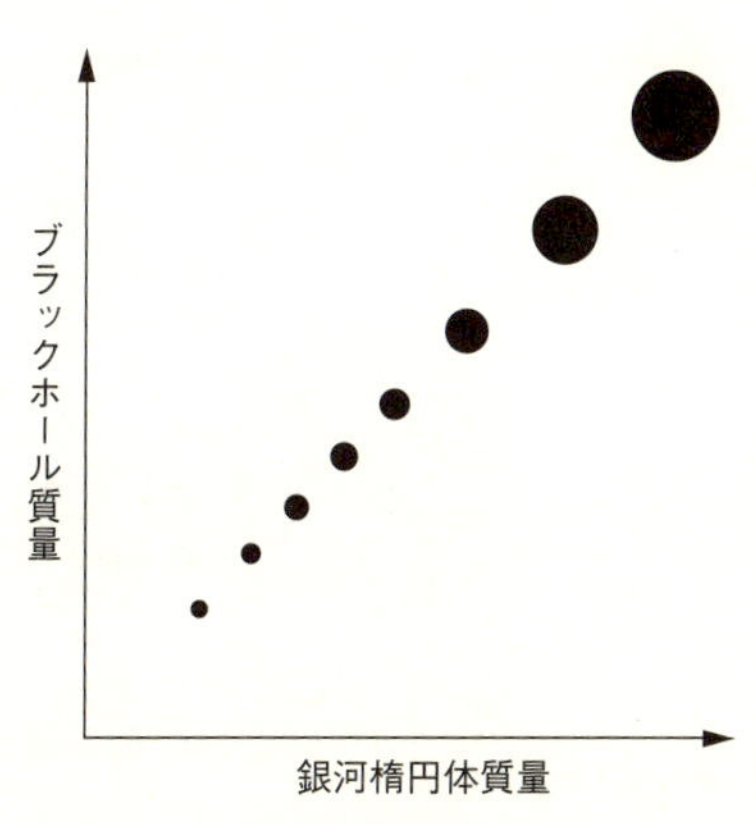

図9-2　マゴリアン関係

銀河楕円体の質量と銀河中心の巨大ブラックホールの間には比例関係がある。

円体の質量を決めるのか、銀河楕円体がブラックホールの質量を決めるのか」という疑問です。これは巨大ブラックホールがどのように形成され成長してきたかに密接に関わっています。ですので、この問いに答えることが巨大ブラックホール形成の理解につながると期待されています。

この問いに答えるべく、現在、世界で多くの天文学者がマゴリアン関係について研究中です。特に、宇宙年齢が現在の半分くらいの時代（私たちから見て非常に遠い昔の宇宙）で、マゴリアン関係がどのようになっているのかが注目されています。たとえばブラックホールが先に生成されて、その影響下で銀河楕円体がじわじわ成長するようなシナリオでは、楕円体質量に対する巨大ブラックホールの質量比は昔の方が大きくなるはずです。しかし、遠方の銀河を詳細に観測するのはもちろん簡単ではありません。現在国立天文台の「すばる」など世界の8～10メートルクラスの望遠鏡を使って、このような観測が進められているところですし、また、２０２０年代になると、国立天文台も含む国際協力で建設する〝ＴＭＴ〟（Thirty Meter Telescope、図９－３）など、30メートルクラスの望遠鏡でも観測が期待されます。そのような時代には、巨大ブラックホールと銀河楕円体の共進化の理解が進んでいることでしょう。

図9-3 2020年代後半に稼働が期待されるTMT望遠鏡

口径30ｍの巨大な望遠鏡によって、遠方銀河の巨大ブラックホールの観測が進み、宇宙における巨大ブラックホールの進化の様子が明らかになると期待される。（国立天文台TMT推進室/4D2Uプロジェクト）

中間質量ブラックホール

巨大ブラックホールを作るためのシナリオの一つとして、「小さなブラックホールが他の天体との合体・成長を繰り返し、どんどん大きくなっていく」というものがあります。この説が本当だとすると、銀河の中には合体しきれなかった成長段階の中間的な質量を持ったブラックホールが一定の割合で残っていてもよいことになります。このような考え方に基づき予想されていたのが「中間質量ブラックホール」です。質量としては、太陽の数百ないし１０００倍から1万倍くらいの質量を持ったブラックホールになります。巨大ブラックホールよりは軽く、一方で恒星質量ブラックホールよりも重い、「第三の種族」になります。このような質量のブラックホールが見つかれば、恒星質量ブラックホールと巨大ブラックホールをつなぐ「架け橋」として、巨大ブラックホールの進化を明らかにできるかもしれません。このような理由で中間質量ブラックホールの探査がこれまで精力的に行われてきています。

中間質量ブラックホール探しは、主にX線の観測で行われます。X線を出す天体の中でも非常に明るいＵＬＸ天体（Ultra-Luminous X-ray source）やＨＬＸ天体（Hyper-Luminous X-ray source）がその候補です。これらはX線を出す活動的な天体で、その明るさがエディントン光度（第6章）で輝いているとすると、ブラックホールの質量の下限値を推定することができます。そのようにして求めたブラックホール質量が太陽の１００倍程度を超える可能性がある天体が、これまでにいくつか見つかっています。中でも、２００9年に報告されたＨＬＸ－１という天体は、最も確からしい中間質量ブラックホールと考えられています。ＨＬＸ－１はＥＳＯ２４３－49という円盤銀河の中にあり（図９－４）、その質量は少なく見積もっても太陽の５００倍以上で、おそらくは数千倍から1万倍にも達するだろうと考えられています。

このような中間質量ブラックホールの存在は、小さいブラックホールが合体して、より大きなものへと成長していくのに関係している可能性があります。ただし、そのようなシナリオで巨大ブラックホールの生成を説明するには、このような中間質量ブラックホールが銀河にどれくらい存在するか、そしてどれくらいの確率で他の天体と合体するかを調べる必要があります。そのためにも、今後のさらなるX線の観測に大いに期待が寄せられています。日本の宇宙科学研究所が2016年に打ち上げた「ひとみ」衛星のトラブルはたいへん残念な出来事でしたが、再起を期した衛星計画も進められていますので、今後のX線観測の進展を楽しみにしたいと思います。

図9-4 円盤銀河ESO243-49に見つかった超高光度X線源HLX-1

太陽の500倍以上の質量を持つブラックホールである可能性が高い。(NASA/ESA/S. Farrell)

重力波を放出する連星ブラックホール合体

ブラックホールの合体と成長を研究するうえで、今大きな注目を集めているのが、重力波望遠鏡です。第3章でも述べましたが、この本を執筆している最中の2016年2月に、人類史上最初の重力波検出が報告されました。記念すべき最初の重力波は、太陽の30倍前後の重さの2個のブラックホールが合体し、太陽の約60倍の重さを持った、より大きなブラックホールが形成される、という現象から出たものでした。

この重力波の初検出は2つの意味できわめて重要でした。もちろん1つ目は、重力波の初検出に成功したことで、アインシュタインが予言して以来、100年間の宿題として残されていたものが遂に検出された、ということです。これは物理学的にきわめて重要で、近いうちに重力波観測グループにノーベル賞が与えられるのは間違いないでしょう。一方、もう一つの重要な点は、「ブラックホールが合体して成長する現象」を初めて確認したことです。これはブラックホールの研究に大きな影響を与えるもので、ブラックホールの成長を理解するうえで鍵となる可能性もあります。もちろん、たった1例だけでは、本当にこのようなブラックホール合体を繰り返すことで巨大ブラックホールが作れるかはわかりません。今後、よりたくさんの重力波放出イベントを発見し、ブラックホール合体が巨大ブラックホールを作るのに十分な数だけ発生するかを調べる必要があります。日本でも東京大学や国立天文台などが協力して重力波望遠鏡「ＫＡＧＲＡ（かぐら）」（図９－５）を建設し、まさに観測を始めようとしているところです。かぐらを含め

図9-5　神岡で運転を開始した日本の重力波望遠鏡KAGRA

米欧の望遠鏡と合わせて、重力波を放出するブラックホール合体現象が多く発見されると期待される。（東京大学宇宙線研究所）

た日米欧の重力波望遠鏡によってこれから多くの重力波放出イベントが観測されると考えると、たいへんエキサイティングです！

謎に包まれた現在の巨大ブラックホールの姿

ここまでは巨大ブラックホールがどのように作られるかという、いわば巨大ブラックホールの成長（過去）について話をしてきました。一方、巨大ブラックホールの現在の姿についても、まだまだ未解明の謎がたくさんあります。すでに説明したように、活動銀河中心核はブラックホール、降着円盤、ジェットの3成分からなっていますが、このうちこれまでに分解して観測されているのはジェットだけです。ブラックホール周囲のガス円盤である降着円盤もこれまで直接的に撮像されたことはありません。そしてもちろんブラックホール本体もです。そのため、巨大ブラックホールと、その周辺に関する今現在の姿も多くの謎に包まれているのです。そのうちの代表的なものをいくつか説明しましょう。

円盤の粘性のもとは何？

降着円盤からガスをうまくブラックホールに落とすためには、粘性が必要であることを第6章で説明しました。もし粘性がないとすると、ガスはいつまでも同じ半径のところでブラックホールの周囲を回転しつづけ、なかなか中心に落ちていきません。粘性がどのようにして発生するかを理解することは、ブラックホールの活動性の理解に欠かせません。

粘性を作り出すもととして、まず考えられるのは、ガスの粒子間で働く何らかの力です。小さな粒子間で働くものなので「ミクロ」な粘性と呼びましょう。このような粘性の起源としては、温度が高く電離したガスに働くクーロン力や、分子の間に働く分子間力などが考えられます。たとえば電離したガスの場合、電荷がプラスの粒子とマイナスの粒子が引っ張りあうクーロン力で粘性が生まれます。しかし、一方で、世の中にはプラスの電荷の粒子とマイナスの電荷の粒子が同数存在するので、たくさんの粒子が存在する空間を平均的に考えると電荷は0になります。ですので、クーロン力は近場の粒子のみに影響する粘性で、より大きなスケールには影響を及ぼすことができません。

一方分子の間に働く「分子間力」は、分子が持っている電気的な偏りが起源で、これも近接した分子には影響を及ぼしますが、大きなスケールで平均すると0になってしまいます。ですので、クーロン力と同様に大きなスケールで見ると、粘性として大きな効果はありません。つまり、プラズマのクーロン力や分子に働く分子間力などによるミクロな粘性は、降着円盤のガスを効率良く中心天体に落とすには不十分なのです。

ミクロな粘性の代わりとして考えられたものがマクロな粘性です。粒子間のような小さなスケールではなく、もう少し大きなスケールで働く粘性になります。マクロな粘性は取り扱いが難しいのですが、特にスーパーコンピューターを用いた数値シミュレーションの発展によって、最近降着円盤内の「磁場」がマクロな粘性の起源の有力な候補になっています。

天文現象では、地球も太陽も含めて、いたる所で磁場が存在し、それが周囲に物理的影響を及ぼすことが広く知られています。同じように降着円盤にもある程度の磁場が存在していると考えられています。そして回転する円盤に磁場があると、ガスの間に重力以外の力が働くことで、粘性が発生するのです。このような効果によって、ガスを効率良く中心天体に落とし込む原理は、磁気回転不安定性と呼ばれます。磁場と回転があることで軌道が不安定になり、ガスを落とすことができるのです。このような不安定性が降着円盤で起こることが計算で示されたのは1990

年代になってからのことです。現在では、磁場は、降着円盤の粘性に加えて、ジェットの形成でも非常に重要な役割を果たしていると考えられています。ですので、ブラックホールの研究においても、磁場の観測が今後重要になってきます。

非標準円盤

降着円盤の研究では、粘性の起源だけでなく、降着円盤の構造も最先端の研究対象です。そして、近年注目の対象となっているのが、標準円盤（第６章）と異なるタイプの円盤です。そのタイプにはじつにさまざまあり、標準円盤と明るさも大きく異なります。降着円盤の詳しい解説は本書では省きますが、国立天文台の理論研究部の大須賀健さんが本シリーズで出版している『ゼロからわかるブラックホール』がたいへん参考になると思います。ここでは、非標準的な円盤のうち、特に暗いタイプのものを少しだけ説明します。なぜかというと、今後ブラックホールを直接的に見ることができると期待される天の川銀河の中心のいて座Ａスターや、Ｍ87のブラックホールが、このタイプだからです。

いて座ＡスターやＭ87のブラックホールは、クェーサーに比べるとずっと明るさが小さいことが知られています。このような活動銀河中心核の種族は低光度ＡＧＮと呼ばれ、おとなしめで目立たないタイプになります。しかし、宇宙全体では、大半の活動銀河中心核がこのタイプの暗いものであり、数の上ではクェーサーよりもずっと多いのです。数が多いために、天の川の近くにある活動銀河中心核もこのタイプが多く、結果的に観測対象として注目を浴びているわけです。そして、さらに重要なことに、このようなタイプの円盤はガスの透明度が比較的高く、円盤の中心部に隠れているブラックホールを見通して撮影できる可能性があるのです。

低光度の活動銀河中心核が「暗い」理由は比較的簡単です。降着円盤は落ちてくる物質の重力エネルギーを解放して光っているので、もし落ちてくる物質の量が少なければ暗くなるわけです。第6章でも説明したように、クェーサーの場合は、1年に太陽1個分くらいの質量がブラックホールに落ちていました。一方、いて座AスターやM87のブラックホールでは、それに比べて1000万分の1から100万分の1という小さな降着率しかないと考えられています。単純に、周りにあるガスの量が少ないことが主な原因です。

このように降着率が低い円盤の場合、当然、標準円盤に比べてガスの密度も薄くなります。そうするとガスに含まれる粒子がお互いに力を及ぼしにくくなります。結果として、このような円盤からは放射が出にくくなり、落ちてくるガスが解放した重力エネルギーを外に出すことができなくなります。エネルギーが放射として外に出ていかないと、熱エネルギーとしてガスの中に蓄えられますので、ガスの温度が非常に高くなります。計算によれば、プラズマ化したガスの電子の温度は数十億度から100億度に近いところまで加熱され、熱のために幾何学的に分厚い円盤

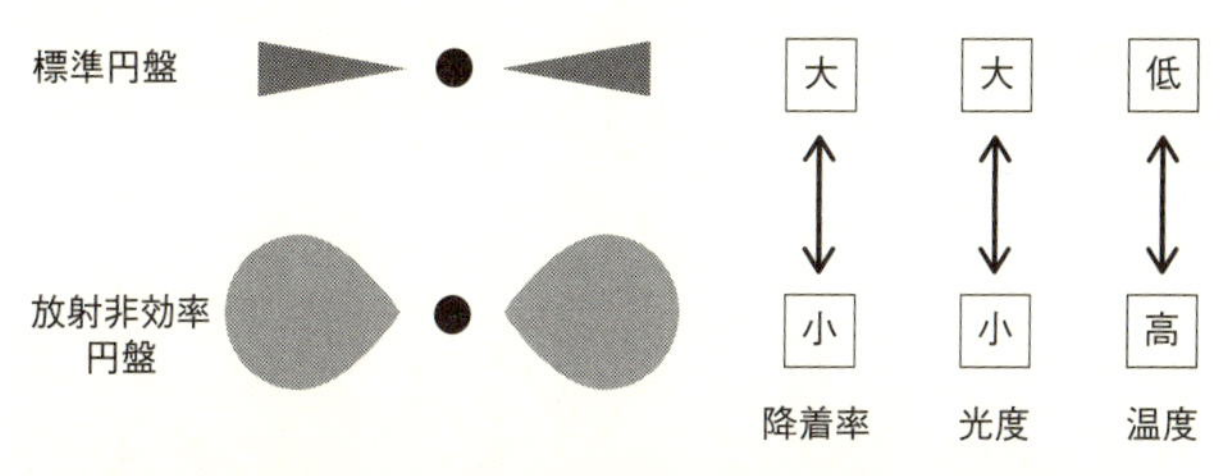

図9-6　標準円盤と放射非効率円盤の断面の形状と性質の違い

放射非効率円盤は、エネルギーをガスの中に熱として溜め込むので、温度が高い分厚い円盤になる。

になります（図9－6）。このような円盤は「放射非効率円盤」とか「移流優勢円盤」とかと呼ばれています。前者は放射が出にくいことを表していますし、後者は放射でエネルギーが外に出るよりも先にガスがどんどん中心に移流していく、という意味になります。図9－6にまとめたように、このタイプの降着円盤は、降着率だけでなく、形状や温度、光度において、標準円盤と大きく異なっています。ただし、これらはあくまで理論的な予想ですので、これを直接的に観測で確かめることが今後の降着円盤に関する重要テーマとして残されています。

消えゆくエネルギー

さて、このような放射非効率円盤での興味深い疑問は、「ガスの内部に蓄えられた大量の熱エネルギーは最後にどこに行くのか？」ということになります。じつは、ここでブラックホール本体が大きな役割を果たします。もう皆さんおわかりですよね？　高温になったガスの熱エネルギーはそのままブラックホールに吸い込まれてしまいます。ブラックホールに落ちて、事象の地平線の向こうに行ってしまうわけですから、もちろん私たちには見えもしないですし、その後どうなるかもわかりようもありません。ブラックホールはガスと熱エネルギーを吸い込む「無限のゴミ箱」として働いているのです。

もし移流優勢円盤の中心天体がブラックホールでなく、表面を持った天体だったらどうなるでしょう。その場合、非常に高温になったガスが最終的に天体の表面に降り積もってたまっていきます。そのガスがもし100億度の温度を持っていたら、天体の表面に降り積もってから、それに対応する放射を出すはずです。ですので、最終的には降着で解放された重力エネルギーがすべて放射として出ていくことになります。

じつはこのような議論からも、いて座Aスターがブラックホールである可能性が示唆されます。いて座Aスターの質量降着率は一年あたり、太陽の1000万分の1から100万分の1程度と考えられています。しかし、観測されるいて座Aスターの光度は、この降着率と標準円盤から期待される明るさに比べてさらに暗いため、どこかにエネルギーが消えていっていることになります。いて座Aスターの周囲が放射非効率円盤とブラックホールからなり、ガスに蓄えられる熱エネルギーもブラックホールが吸い込んでいるとすれば辻褄があいます。このように降着円盤のエネルギー収支からも、いて座Aスターがブラックホールであることが間接的に示唆されるのです。

ブラックホールジェットの加速の謎

次はジェットの謎についても少し話をしましょう。ジェットは、ブラックホールの「三種の神器」の中で一番観測がしやすいものです。ジェットはブラックホールから遠くまでまっすぐ飛んでいき、その広がりは光で見えている銀河本体のスケールを超えることも珍しくありません。第7章で出てきた電波銀河のケンタウルス座Aやヘラクレス座A（図7－1）もブラックホールから出るジェットの例になります。また、第6章ではジェットが超光速運動を示すこと、そしてジェットの実際のスピードは光速に近いことも説明しました。

ジェットに関する謎で最大のものは、その加速メカニズムです。どのようにジェットを光速度近くまで加速するのか、その物理的なメカニズムがまだよくわかっていません。また、ジェットはたいへん細く絞られていますが、そのような形状をどうやって作るか、という疑問も謎として残されています。

一つの可能性として有力視されているのが、磁場を使ってジェットを加速する、という説です。降着円盤の粘性の元としても磁場が大事であるという話をしましたが、ジェットの形成でも磁場が大きな役割を果たしている可能性があるのです。磁場が便利なのは、ブラックホールや円

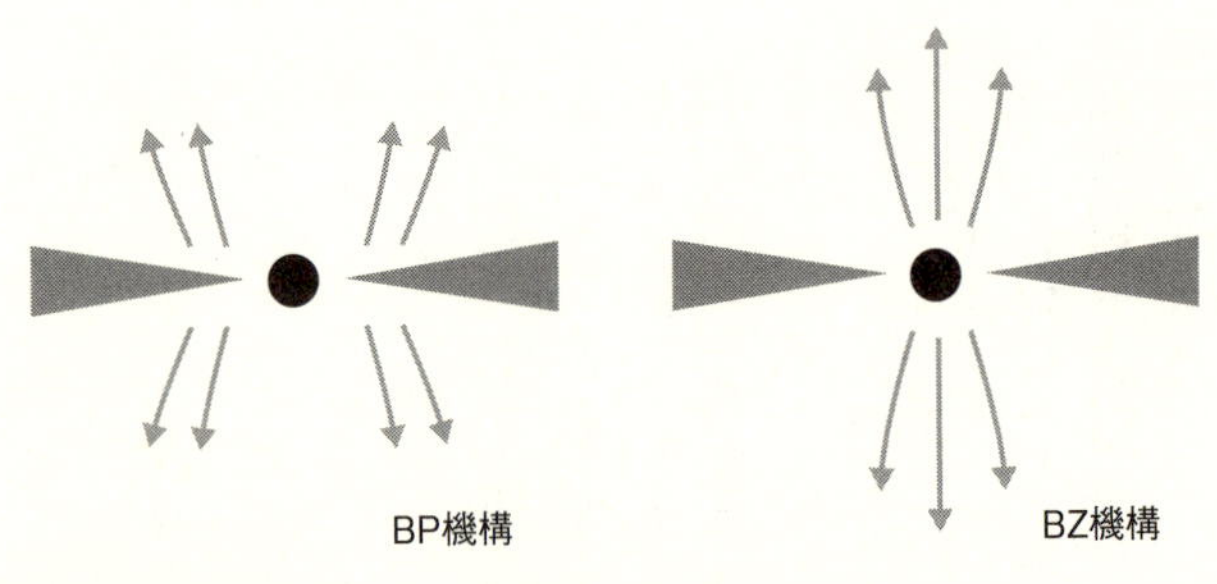

図9-7　磁場でジェットを駆動する2つのシナリオ

降着円盤の回転エネルギーによって駆動する説（BP機構）と、ブラックホールの回転エネルギーによって駆動する説（BZ機構）がある。

盤から伸びる磁場があれば、それに沿ってジェットが細く絞られるので、ジェットの形状まで含めて説明できるからです。ただし、一口に磁場といっても、さらにいくつかのシナリオがあります。

ジェットの加速機構として代表的なものに、降着円盤の磁場によって円盤の回転エネルギーでジェットを駆動するブランドフォード・ペイン機構（BP機構）と、ブラックホール周囲の磁場を経由してブラックホールの回転エネルギーでジェットを駆動するブランドフォード・ズナエック機構（BZ機構）というものがあります。細かいことは省略しますが、この2つの説ではジェットの根元が円盤なのかブラックホールそのものなのかという点で大きな差があります（図9－7）。また、エネルギーの起源が異なっており、BP機構の場合は円盤の回転エネルギーがジェットの駆動源なのに対し、BZ機構はスピンを持ったカー・ブラックホールから回転エネルギーを取り出しています。そのため、もしBZ機構の証拠を得ることができたら、ブラックホールが回転していることを意味します。

アインシュタインの相対性理論の枠組みでは、ブラックホールを特徴づける量は質量と回転（スピン）の2つでした。ですので、ブラックホール周りの時空の歪みを記述する上で、質量だけでなく回転も重要な情報です。ジェットの加速機構がブラックホールの回転に関係しているということは、その研究から巨大ブラックホールの回転の有無について調べられることになります。その実現のためにやらなければいけないことは、ジェットがブラックホールの近傍でどこから出ているかを詳しく観測することです。これにはブラックホール本体を分解できるのと同じレベルの高い視力が必要で、残念ながら現在の段階ではまだできていません。

また、ここまでは磁場によるジェット駆動を中心に説明してきましたが、これ以外にもブラックホール近傍から出る莫大な放射の圧力でジェットを加速するという説もあります。放射圧による加速の場合、ジェットを細く絞るのが磁場に比べて難しいとされていますが、加速に効いている可能性も否定できません。実際、最先端のシミュレーションでも磁場と放射圧を組み合わせたジェット駆動なども研究されており（図9－8）、今後のこの分野の研究でも、さらなる観測とともにより詳しいシミュレーションが不可欠です。ブラックホールに近い領域では時空の歪みが大きいのに加えて、降着してくるガスと、速い速度で外に向かうジェットとが複雑に相互作用を

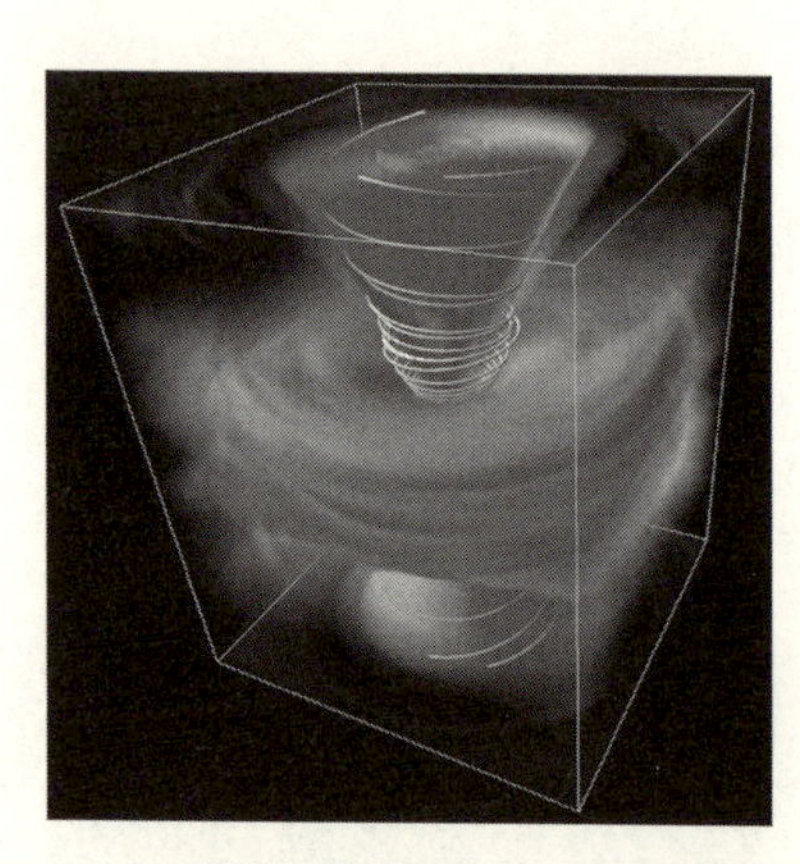

図9-8　磁場＋放射圧でジェットを駆動するシミュレーションの例

ブラックホール周辺の詳細な描像の理解にはスパコンによる計算が今後も欠かせない。（大須賀健氏らの計算による）

しています。そのような構造を精密に調べようとすると、いろいろな物理過程を考慮した大規模な数値計算が必要になるので、巨大ブラックホールの研究にはスーパーコンピューターも欠かせないのです。

見え始めたジェットの加速構造

ジェットの加速機構を調べるもう一つの有力なアプローチは、ブラックホールの近傍でジェットを見ることです。ジェットの根元を見ることはまだ実現されていませんが、現在の望遠鏡で見ることができるもう少し大きなスケールでジェットの速度を測る、というのが現時点でできるアプローチになります。ジェットはブラックホールから離れるとともに加速されていきますが、その様子はモデルによって異なります。ですので、それを観測と比較すれば、複数あるモデルに優劣をつけられます。このような研究に最適な天体が、ジェットを持つ巨大ブラックホールとして私たちから最も近いM87

です。第4章で述べたように1918年にカーチスが最初にジェットを見つけた歴史的な天体です。

ジェットの速度を測るには、分解能の高い望遠鏡を占有して継続的にモニター観測する必要があります。これまでにも観測例はありますが、その頻度や観測感度がまだ十分でなく、ジェットの速度がどのように変化していくのかはまだ詳しくわかっていません。最近、筆者が勤務する国立天文台水沢VLBI観測所のVERAと、韓国の天文研究院のVLBI望遠鏡であるKVNを組み合わせたKaVA（KVN and VERA Array）を用いて、M87のジェットのモニター観測が進められています。図9－9はその初期成果を示したもので、半年の観測から、ジェットの運動がしっかりと捉えられています。その結果、ブラックホールから3光年程度の距離のところでは、すでに光の速さに近いところまで加速されていることが示唆されました。今後も同様な観測を続けていくことで、ジェットの加速の謎にさらにせまることができると期待しています。また、最近KaVAに中国の電波望遠鏡を加えた東アジアVLBIネットワークも試験観測が進められており、さらに性能をアップさせた観測網の準備も進んでいます。

ブラックホールそのものに残された謎

巨大ブラックホール自身に関連する究極の謎は、やはり巨大ブラックホールが本当に存在する

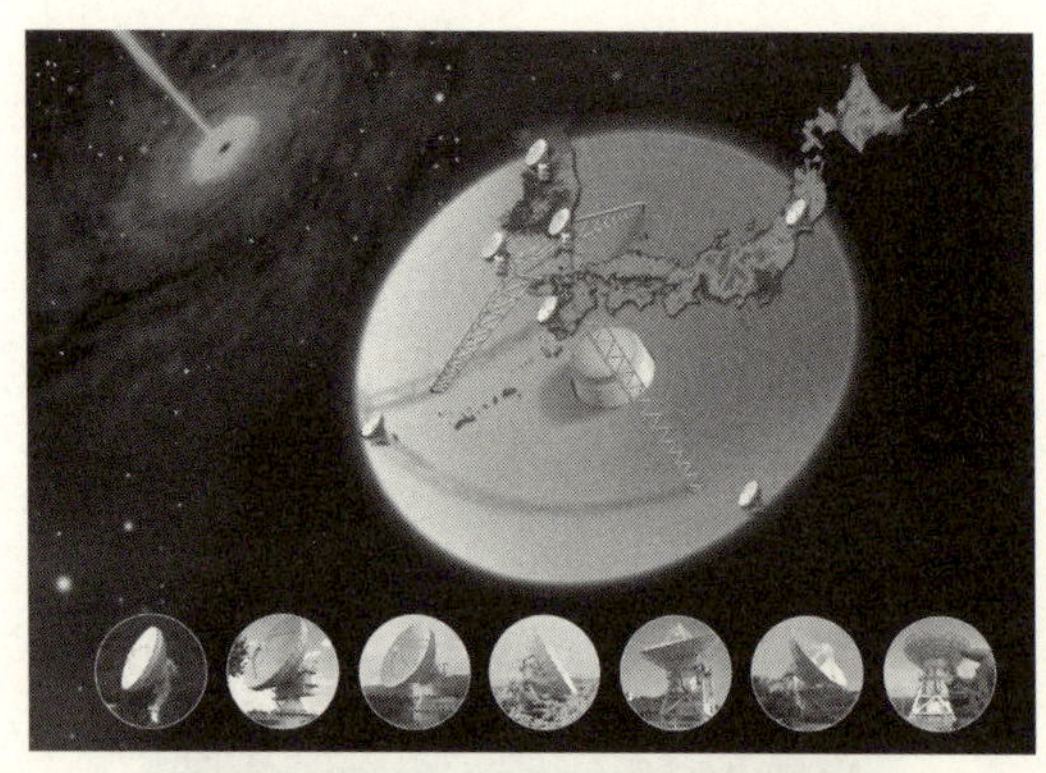

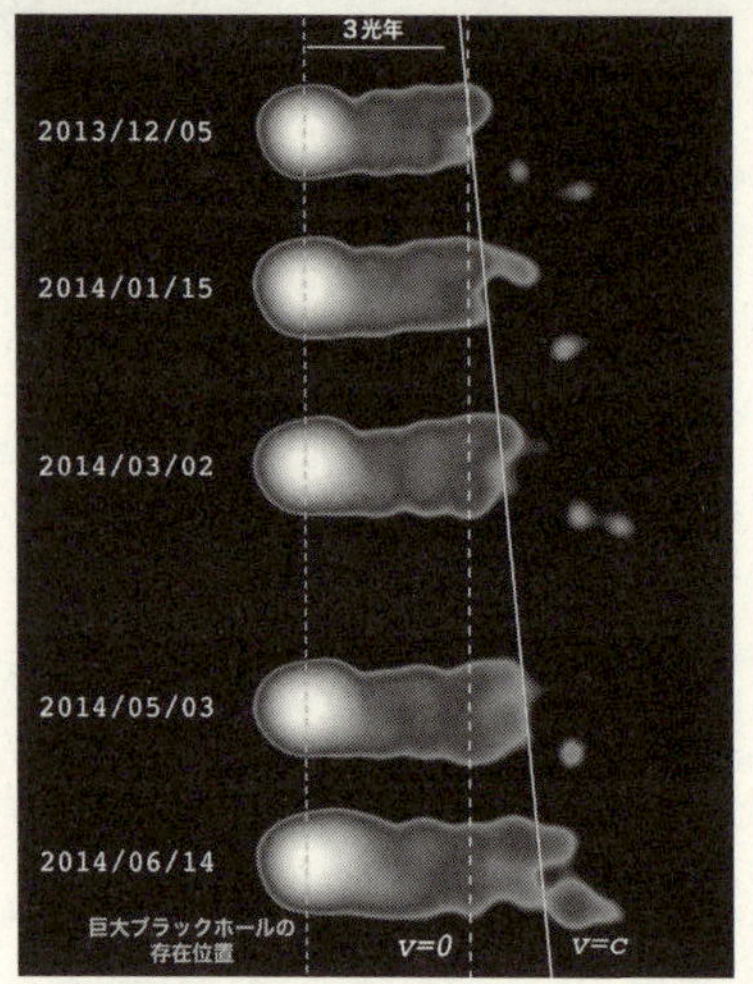

図9-9 日韓合同VLBI観測網KaVA（上）と、それが捉えたM87のジェットの加速の様子（下）

KaVAは7局の電波望遠鏡からなる日韓の合同観測網。KaVAによるM87の観測から、従来考えられていたよりもブラックホールに近いところで、光速度に近いところまで加速されていることがわかった。（国立天文台/韓国天文宇宙科学研究院/AND You Inc.）

か、です。巨大ブラックホールの存在は、これまでの研究からほぼ間違いないといってよいのですが、やはりそれを直接的に確認することが必要です。そのためには、ブラックホールの大きさを直接的に分解し、ブラックホールを「黒い穴」として捉えることが必要です。このようなブラックホールの究極の観測は、今後数年で実現することが期待されるところまできています。この話は次の章で詳しくしたいと思います。

ブラックホールの存在確認に加えて、もう一つの大きな謎は、ブラックホールの時空構造です。すでに述べたようにブラックホールの時空を決めるのは質量とスピン（回転）の2つの量になります。ブラックホールが回転している場合と回転していない場合では、ブラックホール近傍の時空構造が異なります。しかし、時空の歪み方の差はブラックホールのすぐ近くまで行かないと顕著に見えないものなので、ブラックホールのスピンの測定は質量決定よりもずっと難しいのです。

ブラックホールのスピンの有無によって顕著に現れる一つのちがいは、ブラックホール近傍での物質の回転の様子です。ブラックホールに最も近いところで安定に物質が回転できる軌道は「最内安定円軌道」と呼ばれますが、この軌道半径の大きさがブラックホールのスピンによって変わるのです。回転していないブラックホールの場合は、この半径はシュバルツシルト半径の3倍となり、一方、回転しているブラックホールの場合は、スピンの量に応じてそれよりも小さな

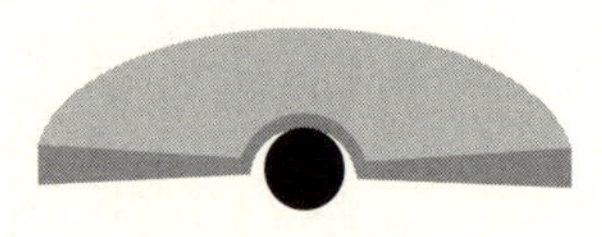

図9-10　シュバルツシルト・ブラックホールおよびカー・ブラックホールの周囲の降着円盤の断面図

カー・ブラックホールの方がブラックホールに近いところまで円盤が存在でき、観測されるガスの速度幅も大きくなる（太陽系と同様、中心に近い方が、公転速度が速くなるため）。

値をとります。

このような時空の性質が、ブラックホール周辺の降着円盤に与える影響を模式的に示したのが図9－10です。最内安定円軌道の内側には降着円盤が存在できません。このため降着円盤はブラックホールの周辺がすっぽりぬけた、ドーナッツのような構造になっているはずですが、この「ドーナッツの穴」の大きさが、ブラックホールのスピンの量によって異なるのです。したがって、この降着円盤の内縁の大きさを測定することができれば、ブラックホールの回転に関する情報を得られると期待されます。

実際、降着円盤の内縁の大きさを間接的に測る試みも行われていますので、その例を1つ紹介しましょう。図9－11は活動銀河中心核を持つMGC－6－30－15という銀河の写真と、その中心部のX線で見たスペクトルです。この銀河は中心部に活動性を持ったセイファート銀河として知られており、中心部からX線が放射されています。特にX線で見える

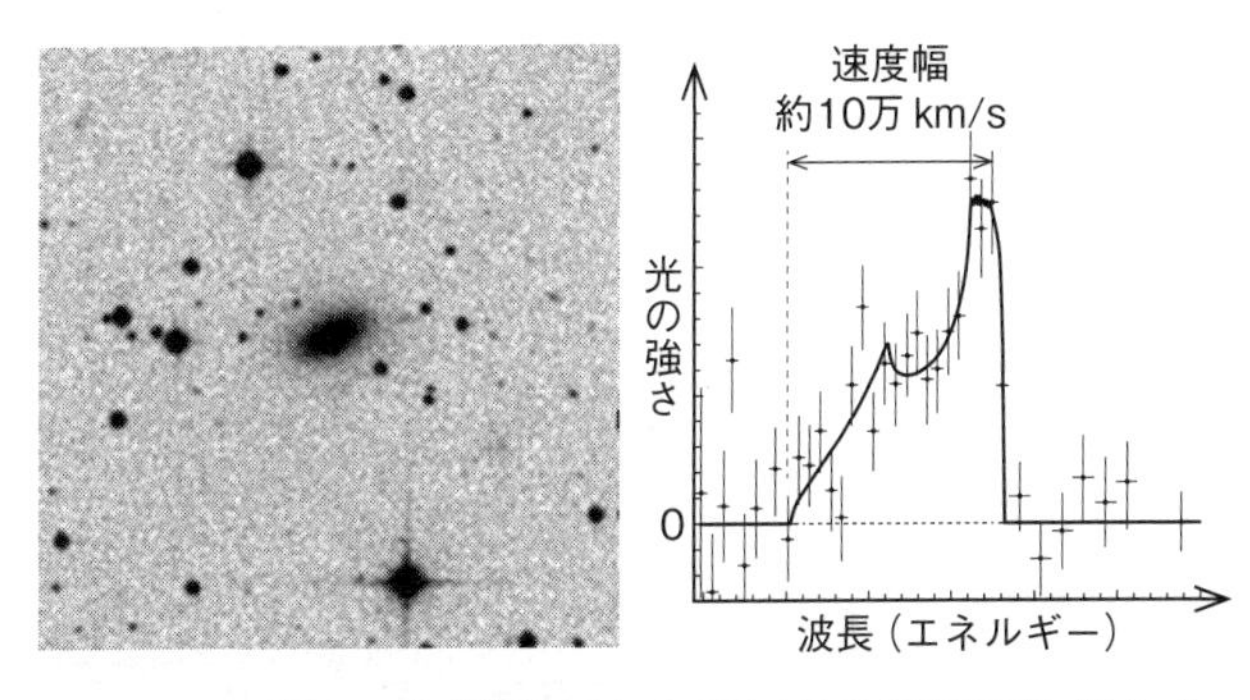

図9-11　セイファート銀河MCG-6-30-15の光の写真（左）と、中心部のX線スペクトル（右）

電離した鉄から出る輝線が幅広く赤方偏移しており、回転するブラックホール近傍からのガスであるとの説が提唱されているが、その解釈をめぐって論争が続いている。（左：ESO、右：Tanaka et al. 1995の図から作成）

電離した鉄原子の輝線幅が、他の天体に比べて非常に広がっていることが観測されています（図9－11右）。そして、この広がった輝線幅を説明するにはMGC－6－30－15のブラックホールが回転している必要がある、という可能性が指摘されているのです。これは、図9－10の右の模式図のように、カー・ブラックホールの場合ブラックホールに近いところまで円盤が存在するので、より速度幅の広い輝線が観測されると期待されるからです。

ただし、MGC－6－30－15のケースではまだ研究者の間でその解釈を巡って論争が続いており、X線の観測結果がブラックホールの回転を本当に示唆しているのかはまだ決着がついていません。研究者によっては、幅の広い「輝線」として見える成分は、観測データに適切な

表9-1　巨大ブラックホールに関する謎

成分	残された謎
ブラックホール	巨大ブラックホールはあるか？ 巨大ブラックホールは回転しているか？
降着円盤	降着円盤はあるか？ 降着円盤の構造・タイプは？
ジェット	ジェットの加速・絞り込み機構は何？

補正を施すとずっと狭い幅のものになる、と主張する人もいます。ですので、この天体も含めて巨大ブラックホールが回転しているのかどうかは、今後に残された課題です。

ここまで見てきたように、巨大ブラックホールの存在はほぼ確実と考えられる一方で、現在でもまだまだ多くの謎が残されています。表９－１にはそのうち特に大きなものをまとめてみました。巨大ブラックホールの存在と回転の有無の確認、降着円盤の存在確認とその構造の解明、ジェットの加速の理解など、ブラックホール天文学の根幹にかかわる主要な命題ばかりです。これらの謎がいまだ未解決で残っている最大の理由は、何よりも巨大ブラックホールそのものがとても小さくて観測できなかったからです。しかし、今後数年以内に巨大ブラックホールの直接撮像が実現する可能性が高まってきており、それが実現するとこれらの謎の解明も劇的に進むことでしょう。

コラム

巨大ブラックホール研究でも活躍するスパコン「アテルイ」

Black Hole

現代のブラックホール研究では、スーパーコンピューターを用いたシミュレーションも大きな貢献をしていることを本文中で述べました。筆者が現在勤務している国立天文台の水沢VLBI観測所（岩手県奥州市）でもスーパーコンピューターが稼働中で、ブラックホールに関連した研究でも大いに活躍しています。それが2017年現在、天文学専用のスパコンとして世界最速の「アテルイ」です（図9-12）。「アテルイ」という名前は、平安時代に奥州市付近を拠点として朝廷と戦った蝦夷のリーダー、アテルイ（阿弖流為とも表記します）から来ています。史実では、アテルイは征夷大将軍・坂上田村麻呂の率いる朝廷軍と戦い、蝦夷の独立を維持すべく京都の朝廷に対抗しました。

一方、現在のスーパーコンピューターの世界で、世界最高峰の性能を持つのが理化学研究所の「京」です。「京」の性能はたいへん素晴らしいのですが、こちらは天文学だけでなくさまざまな計算に使われていますので、天文学者が長い時間占有して計算を続けるのは簡単ではありません。国立天文台のスパコンに「アテルイ」という名前が付けられた背景には、郷土の英雄にちなんだことに加え、「アテルイ」が「京」に対抗しうる立派な成果を挙げる、という心意気も込められている、という噂も聞いたことがあります。

ところで、スパコンはかなり大きな電力を消費し、結果として熱を出しますので、「ア

図9-12　スーパーコンピューター「アテルイ」

天文計算用のスパコンとしては世界最高性能を持つ。（国立天文台）

テルイ」の冷却にも大きな空調機が必要です。実際、スパコンが水沢に設置された理由の一つに、冬の寒い岩手の方が冷却に有利だからということがあります。筆者は現在、観測所内の官舎に住んでいますが、家にいるとアテルイの空調機のうなるような重低音が聞こえてきます。特に夜間や休日の静かなキャンパスでは、唯一聞こえてくる音はスパコンの空調機のものです。あとは時々、ＶＥＲＡのアンテナが大きく向きを変えるときに駆動音がするくらいです。

じつはこの本も多くの部分を水沢で書いたので、アテルイの空調機とＶＥＲＡの駆動音はこの本の執筆のＢＧＭ（Background Music）代わりでした。いや本当は、〝ＢＧＮ〟（Background Noise 背景雑音）と書いた方が正確かもしれませんが、スパコンもＶＥＲＡの直径20メートルのアンテナも水沢の観測所にとってとても大事な施設ですので、愛情（？・）をこめて〝ＢＧＭ〟としておきます。

第10章

いよいよ見える巨大ブラックホール

巨大ブラックホールは本当に存在するのでしょうか？　その究極の証明は、宇宙に浮かんだ「穴」を写真に撮ることです。そして、人類が、初めて巨大ブラックホールの姿を目にする瞬間がいよいよ近づいています。

前章で見たように巨大ブラックホールにはまだ多くの謎が残されています。その最大の理由は、これまでの観測では、ブラックホールを分解して見ることができなかったからです。もしブラックホールをちゃんと分解して写真に撮ることができれば「黒い穴」が見えるはずです。さらに、ブラックホール周辺での降着円盤やジェットの構造も見えれば、巨大ブラックホールというシステムの理解が飛躍的に進むはずです。このような観測の実現は巨大ブラックホール研究において長年の夢であるといってもよいでしょう。じつは、最新の観測技術の進展により、このようなブラックホールの直接撮像が、まもなく実現するところまで来ています。この本の最後の章である本章では、これからますます面白くなってくる巨大ブラックホール研究について、今後の展望と期待を述べたいと思います。

見えそうなブラックホールはどれ？

ブラックホールを見るためには、なるべく見た目の大きい天体が有利です。ブラックホールの大きさ（シュバルツシルト半径）がその重さに比例することはすでに第1章で説明しました。一方「見た目」の大きさは距離にも依存し、実際の大きさが同じものなら近い方が見た目は大きくなります。このため、ブラックホールの見かけの大きさは質量と距離で決まります。具体的には、なるべく重くて近いブラックホールが、見た目が大きくて観測しやすい天体になります。

表10-1　電波で観測可能な巨大ブラックホールの見かけの大きさの比較

天体名	質量(太陽比)	距離	視半径(マイクロ秒角)
いて座Aスター	400万倍	2万5000光年	10
M87	30億～60億倍	5000万光年	4～8
M104	10億倍	3000万光年	2
ケンタウルス座A	5000万倍	1300万光年	0.25

これまでの観測からわかっている範囲で、ブラックホールの見た目の大きさのランキングをまとめたのが表10－1です。ただし、ここでは電波で観測できるブラックホールに絞っています。なぜ電波で観測できることを条件にしたかといえば、後で説明するようにブラックホールを直接撮像できるのが電波によるVLBI観測だからです。

このランキングの堂々の第1位は、やはり天の川銀河の中心にある、いて座Aスターになります。当たり前なのですが、私たちの住む銀河系の中にあって距離が近いことが大きくものをいっています。いて座Aスターは質量が太陽の400万倍、距離が2万5000光年のところにあるため、結果的にその見かけの大きさ（シュバルツシルト半径の見た目のサイズ）は10マイクロ秒角になります。「度」の単位に直すとおよそ4億分の1度です。

見かけの大きさがいかに小さいかを体験してもらうために、頭の中に月を思い浮かべてください。そして、その月面の上に一円玉が1枚おかれていると想像してください。4億分の1度とは、この一円玉を地球から見たときの大きさです、といえばどれくらい小さいかが想像いただけるのではないでしょうか。見かけの大きさが「最大」のブラックホールとはいっても、実際はそこまで小さいのです。

見やすいブラックホールの第2位は、意外なことにお隣の銀河であるアンドロメダ銀河ではありません。アンドロメダ銀河はいて座Aスターに比べておよそ100倍遠いのですが、一方でブラックホールの重さはいて座Aスターの約10倍しかないので、結果的に見た目の大きさはだいたい10分の1になります。また、アンドロメダ銀河のブラックホールは電波で見ると非常に暗いために、仮に見た目の大きさが十分だったとしても電波の観測対象になりません。

アンドロメダ銀河などを抑えて2位に食い込んだのは、おとめ座のM87の中心核にあるブラックホールです。この本でも何度も登場した、すでにおなじみの天体です。M87は距離が5000万光年と遠いのですが、ブラックホールの質量は太陽の60億倍と桁違いの大きさです。そのため、M87のブラックホール半径は見かけの大きさが8マイクロ秒角程度となり、いて座Aスターの大きさにほぼ並ぶ2大巨頭ということになります。ただし、M87のブラックホールの正確な質量については、いまでも研究が続いており確定していません。先ほどの太陽の60億倍というのは、これまでの研究でいわれている範囲で重い方の値になります。一方で軽い質量を主張している研究によれば、その質量は太陽の30億倍程度ということです。この場合は、ブラックホール半径の見かけの大きさは4マイクロ秒角程度と半減してしまいますが、それでも2番目に観測条件のよい天体であることは変わりません。

さらに重要なことに、この2つはどちらも比較的明るい電波源です。いて座Aはもともと天の川の中心方向の複合的な電波源で、その中にあるいて座Aスターも電波で明るく輝いている天体です。また、M87のブラックホールはジェットを出していることが知られており、中心部のブラックホールとジェットを含めて、もともとおとめ座Aとして古くから知られている電波源です。ですので、これらの天体は、VLBIという技術を使って高い視力で分解してみるチャンスがあります。このような理由でこの2天体が現在最も注目されているのです。

この2つ以外にも電波で観測できるブラックホール候補天体がないわけではありません。しかし、見た目で同じくらいの大きさを持ち、電波でも比較的明るい天体は、これまでのところ報告されていません。実際、表10－1で3番手以降の天体を見ると、いて座Aスターに比べて1桁近く小さい天体になってしまいます。従って、当面の観測対象は、いて座AスターとM87がツートップになります。

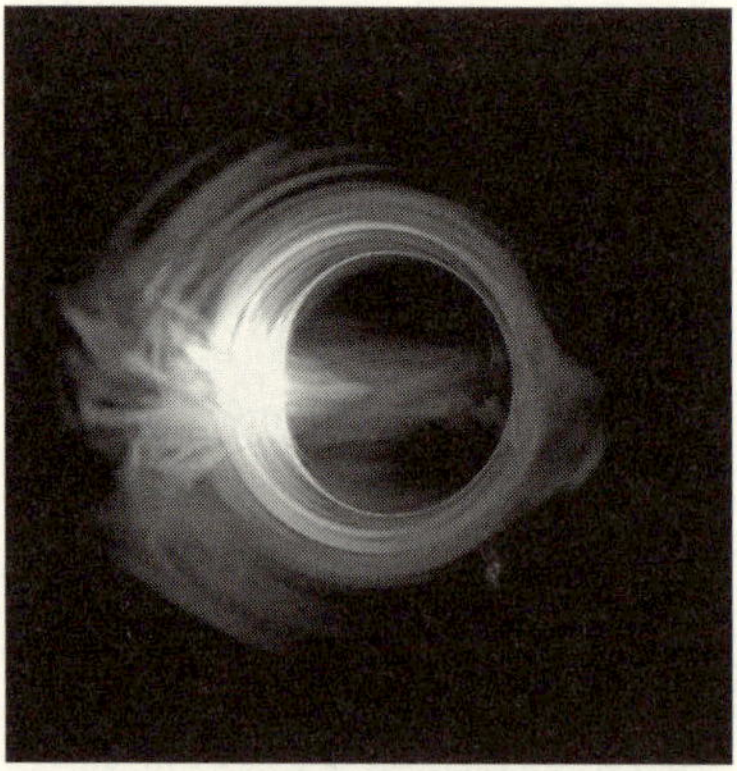

図10-1　ブラックホールシャドウのシミュレーションの例

周囲の明るいガスを背景にブラックホール付近のみが暗く見える「ブラックホールシャドウ」を検出すれば、ブラックホール存在の強力な証拠となる。（ハーバード・スミソニアン天体物理学センター塩川穂高氏提供）

ブラックホールの「影」を狙え！

いて座AスターやM87が本当にブラックホールであることを証明するにはどのような観測をしたらよいでしょうか？　ブラックホールの強い証拠となるのが、ブラックホールの「影」である「ブラックホールシャドウ」を検出することです。ブラックホールはその定義から、まったく光を出しません。一方で、ブラックホールは重力で周囲のガスを集め、そのガスが降着円盤として明るく輝きます。このような明るい円盤を背景に、ブラックホールの光が出てこない部分が黒い影として見えるのが「ブラックホールシャドウ」と呼ばれるものです（図10－1）。このような様子を直接写真に収めることができれば、ブラックホールの存在を示す究極の証拠になります。たった1枚の写真で良いわけですから、まさに「百聞は一見に如かず」です。

このシャドウの観測を実現するにはいくつかの条件が必要です。1つ目は、シャドウが分解できる非常に視力の高い望遠鏡が必要です。これは観測技術を発展させることで達成すべき課題です。それからもう一つ、降着円盤のガスを透かして中心部のブラックホールシャドウを見通せることも必要です。円盤のガスが濃すぎると、その内側に隠れている「シャドウ」の兆候を捉えるのが難しくなります。たとえば月や太陽を観察しようとしたときに、雲がかかっている状態を想像してください。雲が濃いときは月や太陽を見ることはできませんが、うす曇りだと、雲を通してぼんやりと月や太陽が見えることがあります。これと同じで、ブラックホールシャドウを見るには、うす曇りの降着円盤を通してブラックホールを観測する必要があるのです。この2番目の条件については、それを満たす都合のよい天体を探す必要がありますが、幸いなことにいて座Aスター もM87も、この「うす曇り」タイプの降着円盤であることがこれまでの観測結果から期待されています。

目指せ、視力300万

ブラックホールシャドウを捉えるには、これまでにない高い視力を持った望遠鏡が必要になります。たとえば、いて座Aスターの見かけのブラックホール半径は10マイクロ秒角であることは述べましたが、予測されるシャドウの大きさはその数倍から5倍程度になります。このような予測から、いて座Ａスター*やＭ87のブラックホールシャドウを分解するのに必要な視力は、最低でも３００万（分解能にして20マイクロ秒角）になります。

すでに説明したように、望遠鏡の視力は波長と望遠鏡の口径の比で決まります。波長が短いほど、また、望遠鏡の口径が大きいほど、細かいものが見分けられるようになり、高い視力が達成されます。では、ブラックホールシャドウの撮像に必要な望遠鏡の大きさと波長はどれくらいの数字になるでしょうか？

まず制約が厳しいのは望遠鏡の大きさです。地球は直径１万２７００キロメートルですから、ＶＬＢＩの手法を用いて地球上で実現できる観測網の大きさは常にそれ以下になります。さらに、地球の正反対に望遠鏡を置いても同じ天体が見えませんので、地球の上で現実的に達成できるＶＬＢＩ観測網の口径はおよそ９０００キロメートル程度に制限されます。望遠鏡の口径が地球の大きさで決まってしまえば、あとは波長しか調整できません。ここからブラックホールシャドウを観測するのに必要な波長は１ミリ程度かそれ以下、という値になります。

これはミリ波からサブミリ波と呼ばれる電波の波長に相当し、地表での観測がとても困難です。なぜなら、困ったことに、ミリ波やサブミリ波は、大気中の水蒸気によって吸収されたり波面が乱されたりするので、きれいな写真を撮るのが難しいのです。ですので、なるべく空気の薄い場所で、水蒸気の少ない寒い時期に観測することが必要になります。具体的には高い山や、極地にある望遠鏡が必要になってくるのです。もちろんそんなところに望遠鏡を作るのは大変ですから、観測に使える望遠鏡の数も限られてしまいます。

一方、ミリ波のような波長の短い電波は、ガスの中を透過しやすくなります。このため、降着円盤のガスを透かしてシャドウを観測する、という点からはミリ波やサブミリ波の方が都合が良いのです。実際、いて座Ａスターの場合、波長が３ミリくらいの電波の観測では、降着円盤のガスにさえぎられて、円盤の内側が見えないということがわかっています。このような理由からも、波長１ミリ前後のミリ波・サブミリ波の観測が必要なのです。

ＥＨＴプロジェクト

このようなミリ波サブミリ波帯での地球規模のＶＬＢＩ観測網の実現を目指すのが、ＥＨＴ(Event Horizon Telescope) と呼ばれる国際プロジェクトです。〝Event Horizon〟とは「事象の地平線」を意味し、これはブラックホールが「事象の地平線」で覆われていることにちなんだ名前です。文字どおりブラックホールを事象の地平線のスケール（シュバルツシルト半径）で分解し、本当に「黒い穴」であるかどうかを直接に証明することを目指しています。米国のマサチューセッツ工科大学とハーバード大学を中心に、ドイツやオランダなどの欧州の国々、また日本や台湾などのアジアの国々、そしてメキシコやチリも参加する、非常に国際的なプロジェクトで

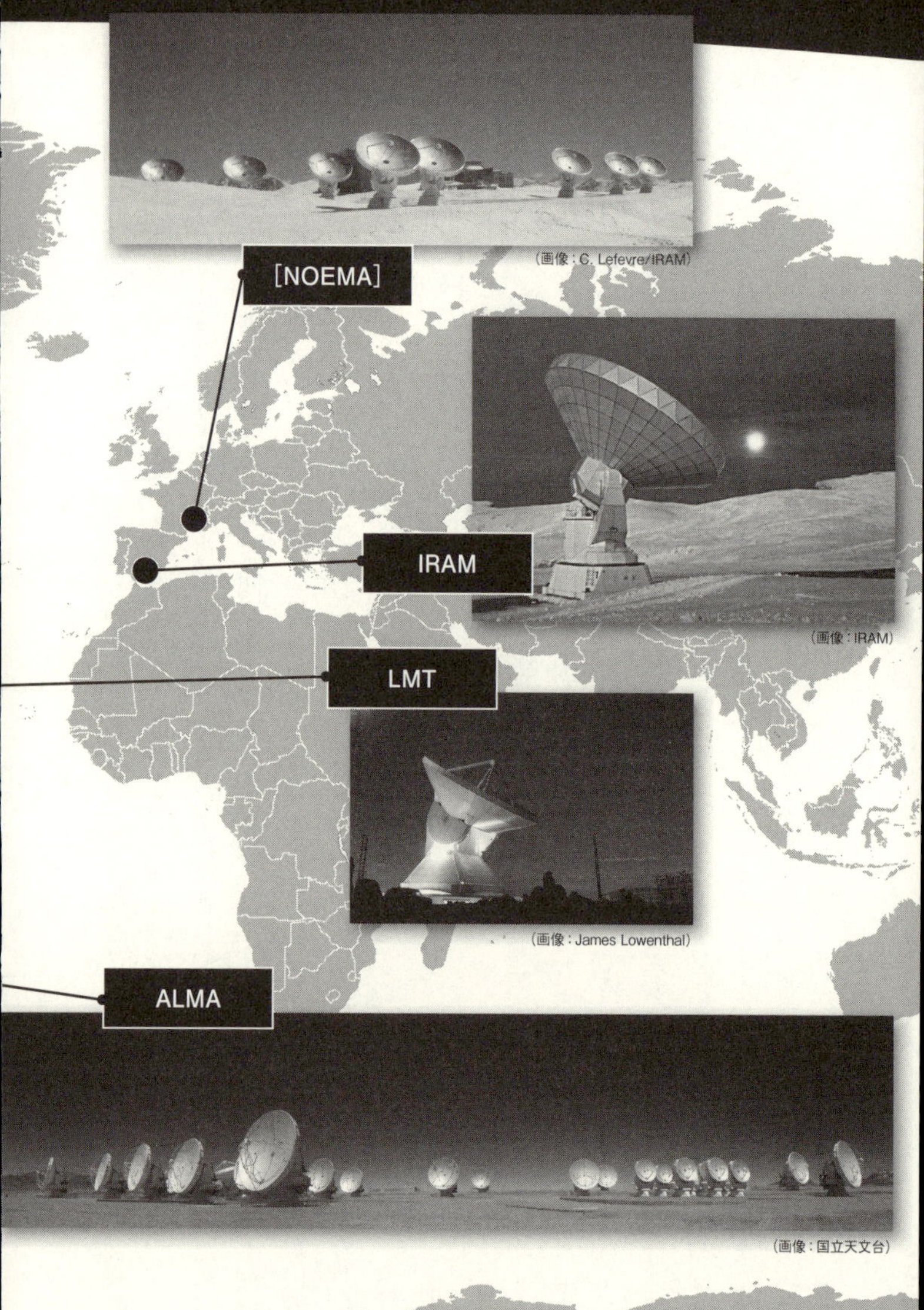

［NOEMA］

（画像：C. Lefevre/IRAM）

IRAM

（画像：IRAM）

LMT

（画像：James Lowenthal）

ALMA

（画像：国立天文台）

図10-2　ブラックホール撮像を目指す EHT（Event Horizon Telescope）の観測局

世界のミリ波サブミリ波帯の望遠鏡を組み合わせ、地球規模の VLBI の観測網を作る。

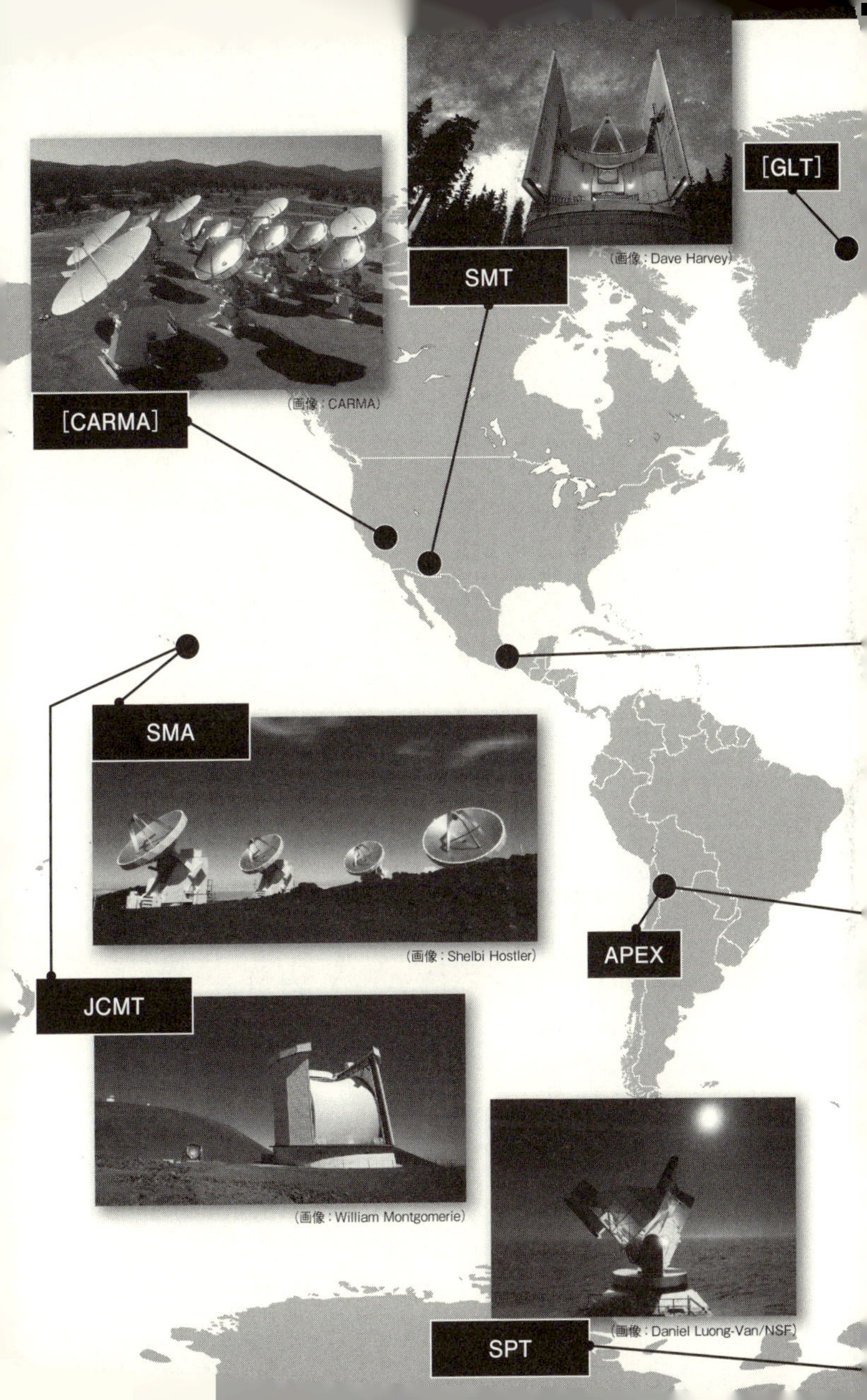
SMT
(画像：Dave Harvey)
[GLT]
[CARMA]
(画像：CARMA)
SMA
(画像：Shelbi Hostler)
APEX
JCMT
(画像：William Montgomerie)
(画像：Daniel Luong-Van/NSF)
SPT

す。図10－2はEHTが構築することを目指している観測ネットワークです。観測局としては、米国のアリゾナのSMT10メートル電波望遠鏡、ハワイのSMA干渉計（6メートル鏡×8台）とJCMT15メートル電波望遠鏡、スペインにあるIRAMの30メートル電波望遠鏡、フランスのNOEMA干渉計（15メートル鏡×12台に増強中）、メキシコのLMT50メートル望遠鏡、南極のSPT10メートル望遠鏡、そしてチリのALMA望遠鏡などからなります。また、台湾と米国は新たな観測局（GLT）をグリーンランドに設置すべく準備を進めています。これらのEHTの参加局はミリ波やサブミリ波での観測に適した場所に建てられているので、どの観測局も標高の高い山か、極寒の極地など、寒くて空気中の水蒸気成分が少ないところにあります。ブラックホールの観測を目指す研究者には、高地や極寒の地でもやっていける「サバイバル力」も必要なのです。

日本でも、筆者ら国立天文台の研究者を中心とするグループが、すでに10年近くこの国際プロジェクトで活動してきています。私たちがこのチームの中でどのような役割を果たしてきたかはまた後ほど書かせていただくとして、まずEHTのこれまでの試験観測からどのような結果が得られているかを少し説明しましょう。

いて座Aスターのミリ波観測実験

ＥＨＴの前身ともいえるミリ波ＶＬＢＩの実験的な観測が行われるようになったのは、２０００年代後半になってからのことです。初期の観測は図10－2の米国ハワイのＳＭＡとＪＣＭＴ、カリフォルニアのＣＡＲＭＡ（現在は運用停止）、アリゾナのＳＭＴの３ヵ所にある4台の望遠鏡を用いて行われました。いずれも２０００～４０００メートル級の高地に位置していて、普段は独立した電波望遠鏡としてミリ波の観測をしています。これらをＶＬＢＩ観測用にアレンジすると、最大基線長が４０００キロメートルという観測網ができます。分解能は60マイクロ秒角で、局数も３つしかないので、ブラックホールを分解して写真を撮ることはできませんが、それでもミリ波サブミリ波ＶＬＢＩへ向けた重要な一歩です。

２００８年には、この観測網でいて座Ａスターからの信号を検出することに成功しました。それによって、いて座Ａスターの電波が非常に小さい領域から出ていることが明らかになりました。その大きさは実に40マイクロ秒角程度です。これはブラックホール半径の4倍で、期待されるブラックホールシャドウの大きさ（最大でブラックホール半径の５・２倍）とほぼ同じです（図10－3）。ブラックホールシャドウの大きさに近いサイズの構造が存在していることから、この電波はブラックホール近傍のガスから出ている可能性が高いと考えられます。この結果によって、今後さらに局数を増やし感度を向上させれば、ブラックホールを実際に分解することができるのでは、という気運が一気に高まったのです。

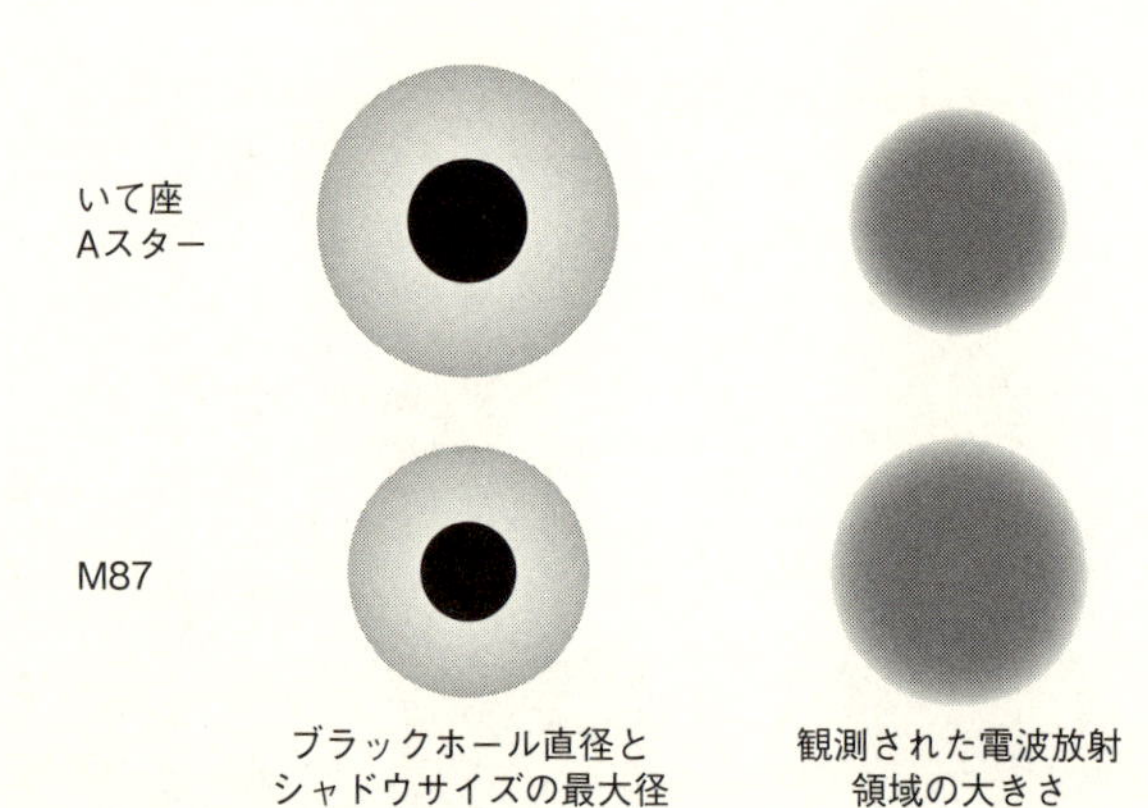

図10-3　いて座AスターおよびM87のブラックホールの観測結果を表す模式図

左側はブラックホールの直径（内側）と期待されるシャドウサイズの最大値（外側）を表す。右は観測された電波放射領域の大きさ。すでにシャドウの大きさ程度の構造を捉えているが、まだ「撮像」はできていない。

M87のジェットの根元

上記3局の観測網による、ミリ波VLBIの実験的な観測はさらに続けられます。ここでは、その結果の中でも興味深いものをさらに2つ紹介しましょう。まず1つ目は、いて座Aスターと並ぶ重要天体の、M87の観測です。M87の場合は、いて座Aスターに比べてジェットが明るく、波長1ミリ帯でもブラックホール付近にあるジェットの根元が光っていると考えられています。

先ほどの米国の3局の観測網で1ミリメートル帯のVLBI観測を行った結果、M87の中心部でもブラックホール半径の約5・5倍の構造の大きさが検出されました。これもブラックホールシャドウの期待される大きさとほぼ同じで（図10－3）、ブラックホール近傍の放射が見えていると考えられます。もちろんブラックホールから離れた場所にあるガスが、たまたまブラックホールの数倍の大きさを持っていた可能性も完全には否定できないのですが、ブラックホールと関係ない場所で、偶然ブラックホール程度の大きさのガスの塊が明るく輝くというのはかなり不自然です。

M87の場合、電波領域ではジェットが明るく見えています。したがって、この観測からはM87ではジェットの根元の大きさがブラックホールの半径の5・5倍程度である、ということが示唆されます。じつはこの結果は、ブラックホールの性質の一つであるスピン（ブラックホールの回転）を探る上で非常に重要な意味を持っています。仮に、ブラックホールがスピンを持たないとすると、降着円盤はその最内縁の直径がシュバルツシルト半径の6倍となり、見かけの大きさは光の折れ曲がりによってそれよりさらに大きくなります。一方スピンを持った場合はそれよりも小さくなることがあります。ですので、もし観測されたM87のジェットの根元が降着円盤に刺さっている（前章のBP機構、図9－7左）ならば、観測されたシュバルツシルト半径の約5・5倍という大きさはスピンがないと説明できません。

あるいは別の可能性として、ジェットの根元は降着円盤ではなく、ブラックホールそのものにつながっているという可能性もありますが、この場合にはジェットの駆動に、回転しているブラックホールが必要です（BZ機構、図9−7右）。つまり、ジェットが降着円盤から出ているにしても、ブラックホールから出ているにしても、この観測結果はスピンがないとつじつまが合わないのです。すでに説明したようにブラックホールの性質を決めるのは質量とスピン（回転）の2つの量のみですが、スピンに関する情報もこのような観測から見え始めてきたのです。

いて座Aスター周囲の磁力線

もう一つの成果は、ふたたびいて座Aスターに関するもので、2015年に発表された観測結果になります。先ほどまでと同じ、米国の3局の望遠鏡による観測ですが、これまでの観測に比べて感度がさらに良くなったために、これまで検出することができなかった「偏波」の情報が初めてキャッチされました。「偏波」は「偏光」とも呼ばれ、光や電波の振動方向の偏りを表します。電磁波は、その振動が進行方向に対して直交する横波ですので、2つの「偏光」成分が存在します。たとえば、ある星を見ているとき、星の光（電磁波）は私たちから見て電場が左右に振動する成分と、上下に振動する成分の2成分が混じっています（3Dテレビではこの2つの偏光を巧みに利用しています。3D眼鏡なしで画面を見ると2つの像がずれて見えるのは、2つの偏光成分が見えるからです）。

自然界での偏光は、光が磁場の中を伝わるときに発生します。つまり偏光を捉えることは、磁場の存在の証拠になるのです。これまで、ブラックホール近傍での磁場存在の直接の証拠はありませんでしたが、ミリ波ＶＬＢＩ観測から２０１５年に初めていて座Ａスターの周辺で偏光が検出され、磁場の存在が明らかになりました。そして、磁場を表す磁力線が複雑に絡まっていること（お皿の中でスパゲッティが絡まっている様子を想像してください）も観測から示唆されました（図10－４はその磁力線の様子を模式的に表したものです）。

図10-4　**巨大ブラックホール周辺の磁力線の想像図**

ブラックホール周辺の降着円盤やジェットには磁場が存在し、重要な役割を果たしていると考えられる。（ハーバード・スミソニアン天体物理学センター/M. Weiss）

ブラックホールの近くのガスから磁場が検出されたことは、ブラックホールを理解する上で重要な意味を持ちます。たとえば、降着円盤からガスを効率良く落とすためには「粘性」が必要で、その粘性が磁場に起因しているというのが、現在の有力なモデルになっています（第９章）。また、ジェットの生成・打ち上げ機構として有力な２つのメカニズムである、ＢＰ機構（降着円盤の磁場を使ってジェットを飛ばす）、ＢＺ機構（周囲の磁場を経由してブラックホールの回転エネルギーによってジェットを飛ばす）はいずれも磁場があることを前提としたモデルです（第9章）。このように降着円盤もジェットも磁場が密接に関連していると考えられる中で、実際にブラックホール近傍で磁場の存在が明らかになったことは、これらのシナリオを支持するものとして大きな意味を持っています。

ミリ波VLBIに革命をもたらすALMA

これまでの観測研究から、巨大ブラックホールのすぐそばの構造まで捉えられ始めています。しかし、いままでの観測は米国の3つの観測局からなる観測網で観測されたものなので、まだ画質の良い天体写真を得ることはできていません。これを解決するためには、世界各地にある多数の望遠鏡を、観測ネットワークとして活用する必要があります。その整備がまさに現在EHTプロジェクトで進められているところです。その中でも特にこの研究分野を劇的に進展させると期待されているのが、ALMA（Atacama Large Millimeter/submillimeter Array）です。ALMAは有名な望遠鏡なので読者の皆さんもご存じと思いますが、ここで改めて簡単に紹介しましょう。

ALMAはチリのアンデス山脈中のアタカマ高地に設置された、ミリ波サブミリ波の大型電波干渉計です（図10－5）。標高5000メートル前後のアタカマ高地に最大基線長16キロメートル程度の干渉計を展開し、宇宙からやってくる電波を観測します。ALMAは全部で66台ものア

図10-5　チリのアタカマ高地に建設されたALMA望遠鏡

ミリ波サブミリ波帯の電波望遠鏡66台からなり、この帯域で世界最高性能を持つ究極の干渉計である。日本の国立天文台を含む国際協力で建設され、2011年から稼働している。（MITヘイスタック観測所秋山和徳氏提供）

ンテナから構成されるので、他のミリ波サブミリ波の望遠鏡に比べて桁違いに高性能です。また、単に装置が大きいだけでなく、標高5000メートルのアンデス山脈中のたいへん乾燥した地域に設置されていることも特徴です。つまり、世界最大の集光力を持つ望遠鏡が、地球上でミリ波サブミリ波観測に最も適した場所におかれているわけですから、まさに「鬼に金棒」です。

ALMAは非常に大きな国際プロジェクトで、北米、欧州および東アジア3地域が合同で建設・運用しています。このうち東アジアで主たる貢献をしているのが日本の国立天文台で、建設経費・運用経費のおよそ4分の1を分担しています。建設はすでに完了して、2012年から世界中の研究者に公開されて日々観測が行われています。ALMAは、単独でも最先端の研究を展開できるたいへん優れた装置で、最近では、惑星が生まれる現場や、遠方宇宙で銀河が進化する様を克明に描き出しつつあります。

一方、ＥＨＴプロジェクトではそのような強力な望遠鏡であるＡＬＭＡを、国際的なＶＬＢＩ観測ネットワークの一局として使おうというのですからなんとも贅沢な観測です。ただし、ＡＬＭＡと他の局とをＶＬＢＩの観測網として結合するためには、ＡＬＭＡでＶＬＢＩ観測ができるようにするための機能を追加しなくてはいけません。いわば、「ＡＬＭＡのＶＬＢＩ局化」計画で、これも筆者ら日本のＶＬＢＩの研究チームを含んだ国際協力で進められてきました。

ALMAのVLBI観測を支える先端技術

ＡＬＭＡをＶＬＢＩ局として利用するために整備すべき機能は主に2つです。一つは、多数のアンテナで電波の波面を揃えて足し合わせることです。通常のＡＬＭＡの単独観測では66台のアンテナに対して、その信号を掛け合わせる「掛け算」を行っています。一方、66台のアンテナを合わせて仮想的な1台のＶＬＢＩ局として使うためには、各アンテナからの信号を足し合わせる「足し算」を行う必要があります。このような演算の違いのため、ＡＬＭＡの信号処理を行っている相関器に、足し算の機能を追加する必要があります。

ただの「足し算」といえば簡単そうですが、ＡＬＭＡのアンテナは最大で10キロメートル以上離れているために、波面がそれぞれのアンテナに異なる時刻に到着し、かつそれが地球の自転とともに時々刻々変化していきます。波長1ミリメートル前後での観測には、それよりも十分小さい精度で波面を揃える必要があり、具体的には0・1ミリメートル以下の精度で各アンテナが受信した波面を揃えなくてはいけません。0・1ミリメートルといえば髪の毛の太さほどですから、たいへん高い要求精度です。これを行うには、アンテナ間で大気のゆらぎの変化をリアルタイムで精密に測定して、補正する必要があり、高速の専用コンピューターを用いてこの処理を行います。

また、ALMAをVLBI局化するためにもう一つ必要なのが正確な時刻とともに電波を記録する装置です。現在のVLBI観測では、データを記録するのにパソコンと同じくハードディスクを用います。もちろん、電波天文学の場合、弱い天体からの信号を検出するためには、大量の信号をかき集めなければいけません。「川底をすくって砂金を集める」ような感覚で、大量のデータを取ってそこから微弱な天体の信号を見つけ出すのです。このためALMAのVLBIでは、最大64Gbpsという速度でデータを記録します。64Gbpsとは、1秒間に640億ビットの情報を書き込むことに相当します。現在のPCで主流の1TB（テラバイト）のハードディスクだと、約2分で使い切ってしまう速度です。そもそも、1台のハードディスクにはこんな速さでデータは書き込めませんので、実際の観測では何十台ものハードディスクを同時並行で使ってデータを記録していきます。

さらに困ったことに、ALMAはアンテナが標高5000メートルという高地にあり、このような高地では、じつはハードディスクを使うことができません。ハードディスク内の磁気センサーである「ヘッド」は、空気の流れを使ってその適切な位置を保っています。このため、海抜0メートルに比べて空気圧が半分程度のALMAサイトでは、ハードディスクの誤動作する確率がとても高いのです。標高5000メートルの世界は人間にとっても過酷ですが、先端機器にとっても非常にシビアな環境なのです。

このため、ALMAのVLBI観測では標高5000メートルの望遠鏡サイトから、標高2900メートルの中間山麓施設にデータを伝送し、そこでハードディスク記録装置を使って記録します。この2つの施設はおよそ30キロメートル離れているので、データを光ファイバーで送る必要があります。しかも、VLBIのために利用できるファイバーの数は多くないので、1本のファイバーに異なる波長の光を重ねて大容量の通信をする光波長多重伝送の技術が不可欠です。この伝送装置は筆者ら国立天文台のグループがALMAのVLBI化の開発の一環として分担した主要な装置です。図10－6の棚の一番上の箱がそれになります。またその下に8台並んだ箱が記録用のハードディスクのパックで、こちらは米国のマサチューセッツ工科大学ヘイスタック観測所のグループが開発したものです。そしてこの写真はチリの現地のものですから、この写真1枚からも、このプロジェクトの国際性が見て取れます。

この装置の据え付けにあたっては、筆者らも何度もチリへと足を運び、標高5000メートルのサイトでの活動も含めて、現地で装置の据え付けと動作確認、そして装置試験などを行ってきました。光伝送装置を設置した際に一番苦労したのは、光ファイバーの端子がミクロな砂埃で汚れてしまい、当初は性能どおりのデータ伝送ができなかったことです。これも砂漠に設置されたALMAならではの苦労ですが、いまは汚れのつきやすい場所も特定され、そこを定期的に清掃するようにしてからは、順調に動作しています。近い将来ALMAを含んだEHTプロジェクトの観測でブラックホールの写真が撮られることになると思いますが、そのデータが、自分たちが苦労して製作・設置した装置を通して取得されると考えると、大いにわくわくします。

図10-6　ALMAによるVLBI観測のための新たな装置

米国ヘイスタック観測所が開発したハードディスクレコーダー（計8個）と、その上は国立天文台が開発した光波長多重伝送装置。この伝送装置を通じてALMAの望遠鏡サイトから中間山麓施設までの30キロメートル超を送られたデータが、ディスクに記録される。（筆者撮影）

「解けない方程式」を解く

ALMAでのVLBI観測に関連して、筆者たち日本のグループが現在力を入れている活動をもう一つ紹介しましょう。

すでに述べた装置開発の方は、先端情報通信技術を活用したハードウェアの話でしたが、ハードと並んでもう一つ重要なのはソフトウェアです。特に、最近のコンピューター技術や情報科学の進歩により、これまでにない新たな手法でのデータ解析が可能になってきています。そのような中で、我々がブラックホール撮像を目指すための新たな手法として取り組んでいるのが「スパースモデリング」です。

スパースモデリングの言葉の意味は後で説明するとして、この手法がどういうものかを一言でいえば、これまで「解けない」とされてきた方程式を解くことができる手法です。以下で例を使って説明しましょう。

読者の皆さんは中学校で連立一次方程式というものを習ったのを覚えているでしょうか？　未知数 x と y があり、方程式が2本与えられたときに、x と y を求めるものです。たとえば、「りんごとみかんが合わせて5個あり、りんごがみかんより1個多いとき、りんごとみかんの数はいくつか？」という問題を解きたいとしましょう。このとき、りんごとみかんの数を x と y とすれば、$x+y=5$、$x-y=1$ という2本の方程式が立てられ、そこから $x=3$、$y=2$ と答えが得られます。

では、もし方程式が足りない場合はどうなるでしょうか。この場合、答えを出すことができません。たとえば、「りんごとみかんが合わせて10個あります。では、りんごは何個でしょう？」、という質問はおかしいですよね？　答えは、りんご1個にみかん9個かもしれませんし、りんごとみかんが5個ずつかもしれません。未知数がりんごの数とみかんの数で2つ、方程式は（りんご＋みかん＝10）の1本だけなので解けないのです。解けない理由は、答えが1つに決まらないからです。このように、方程式の数が未知数に比べて少ない問題は解くことができないということを、私たちは中学校の数学の時間で習います。

同じような連立一次方程式で、さらに未知数が増えてx、y、zと3つある場合もあります。この場合も、方程式が3本立てられれば、そこから答えを求めることができます。重要なのは、未知数が2個あったら、方程式が2本（以上）、未知数が3個あったら方程式が3本（以上）必要ということです。さらに未知数が増えても同じで、未知数が100個ならば方程式が100本以上必要ですし、一般化すれば未知数がN個のとき方程式がN本（以上）必要になります。

しかし、このような「解けない方程式」でも、ある特別な場合は解けることが最近の研究によりわかってきました。それは、未知数の多くが、じつは0である場合です。このような未知数の多くが0である解を「疎な解」といいます。「疎」は英語に直すとスパース（sparse）となり、疎な解を探して正しい答えにたどり着く方法が「スパースモデリング」です。このような疎な解を効果的に探す手法が近年考案され、さらにはコンピューターの処理速度の劇的な向上によって、いままで解けないと考えられてきた問題も工夫して解けるようになってきたのです。

スパースモデリングで視力アップ

スパースモデリングの手法は、ＶＬＢＩのような電波干渉計の解析に向いています。ＶＬＢＩ観測には、地球上にある限られた数の観測局しか参加しません。もし地球上のすべての場所に望遠鏡があれば、たいへん質の良い写真が撮れるのですが、実際はそうなっていないので、欲しいデータに欠損が生じた「解けない問題」になります。いままでは、不足している部分の値を適当に埋めてこの問題を解いて（＝電波写真を作って）いましたが、その場合得られる画像が劣化してしまいます。具体的には、写真の分解能が下がってぼやけたり、本来は存在しない人工的な虚像が発生したりするのです。ところがスパースモデリングをうまく使うと、これらの問題を回避し、たいへん質の良いイメージを得ることができるのです。

筆者ら日本のグループでは、これらのスパースモデリングの手法をブラックホールの撮像に適用することを世界に先駆けて進めています。図10－7はその一例で、従来法ではブラックホールシャドウが分解できない状況（図10－7中央）でも、スパースモデリングを使うと分解できることがシミュレーションから示されています（図10－7右）。ＡＬＭＡを含んだＥＨＴの観測でも、是非この手法を使って巨大ブラックホールの鮮明な画像を撮るのに貢献したいと考えています。人類が最初に目にするブラックホールの写真が、自分たちの開発した解析手法で得られたも

図10-7　スパースモデリングによる画像処理のシミュレーションの例

左は仮定した三日月状のブラックホール像。これをEHTで観測したとき、従来法では中央のようなぼやけた画像になるが、スパースモデリングを用いると三日月状の構造をはっきり捉えることができる。(Honma et al. 2014より)

のであれば、こんなに素晴らしいことはありません。

ちなみに、このような「スパースモデリング」の手法は、ブラックホールの撮像に限らず、幅広い科学分野にインパクトがあります。実際、方程式の数が未知数に比べて不足するという事態は、天文学に限らずあらゆる実験科学でいつでも起こりうることで、スパースモデリングが大いに役に立つと期待されます。現在私たちは、情報科学者や脳科学者、たんぱく質の研究者、さらには地球物理学の研究者など、さまざまな分野の研究者と連携して、スパースモデリングでいろいろな科学分野を発展させることに挑戦しています。この活動は文部科学省から大型の科学研究費プロジェクトとして支援されており、筆者もこの活動を通じて天文学以外のさまざまな分野の研究者から貴重なアドバイスをいただいています。巨大ブラックホールの直接撮像の発展には、じつは天文学以外のさまざまな分野の研究者からの貢献があることも、ここに感謝の意も込めて書き記しておきます。

目前にせまった巨大ブラックホールの直接撮像

ＡＬＭＡのＶＬＢＩ機能は、私たちの開発した装置も含めて２０１４年までに主な装置の開発が完了し、すでに現地に設置されています。そして２０１５年には最初の試験観測が行われ、ＡＬＭＡの複数台のアンテナの信号を足し合わせる機能がうまく動作していることが確認されました。そしてその後、海外の望遠鏡との試験観測にも成功し、ＶＬＢＩの観測局として正しく動作していることが実証されています。

ここまでくると、巨大ブラックホールの直接撮像まであと一歩です。まずは、ＡＬＭＡの観測を実行するために、観測時間を獲得しなければいけません。ＡＬＭＡは毎年１０００件を超えるような観測提案が世界中の研究者から寄せられ、その中で科学的に評価の高い上位10〜20％程度だけが観測時間を得ることができます。

２０１６年４月に締め切られた、ＡＬＭＡで通算５回目の観測提案であるサイクル４（ＡＬＭＡのサイクルは０から数えているので５回目になります）で、初めてＡＬＭＡのＶＬＢＩ観測モードが提案可能になりました。もちろんＥＨＴの国際チームでも観測提案書を提出しました。ちょうどこの本を執筆中にも、私の研究グループの若手研究者が日夜外国人とインターネット会議を行って、提案書を仕上げていました。提案の目標はもちろん、いて座AスターとM87の2大ブラックホールを中心とする、巨大ブラックホールの直接撮像観測です。そして、この提案は無事に採択され、いよいよ2017年の4月にALMAを含む国際的なミリ波VLBI観測が初めて行われることが決定しています！

4月に観測が行われた後は、各地からハードディスクに記録したデータを回収し、それを相関処理して巨大な干渉計として合成します。そして、その後、さまざまなデータ解析を施した上で、最終的な電波写真が得られることになります。その電波写真を描き出す際には、是非我々の開発した新手法が大いに活躍することを期待しています。そして、うまくいけば2017年の終わりか2018年の初頭には、ブラックホールシャドウが初めて捉えられることでしょう。そうすれば、ブラックホール本体、降着円盤、ジェットの根元に関するさまざまな情報がもたらされ、巨大ブラックホールの研究が大きく発展することでしょう。

一方、科学には予想外の出来事もつきものですので、もしかしたら「シャドウが見えない」ということが起こるかもしれません。その時は、観測に問題があるのか、あるいは、予想が間違っているのか、その2つを切り分けるためにさらに観測と検討を続けることになるでしょう。その結果として、シャドウが見えないということになったら、今度はいままでの人類のブラックホールへの理解が不十分だったということになるわけで、それは別の意味で非常に興味深い結果となります。

どのような結果が出るにせよ、これからの数年~10年間は、巨大ブラックホール研究にとって、とても楽しみかつエキサイティングな時代になります。このような時期に研究者として活動でき、しかもEHTのようなプロジェクトに直接的に関わることができる私たちは、科学者として、たいへん恵まれていると思います。この機会を活かして、素晴らしい成果を挙げたいと思っています。読者の皆さんも、巨大ブラックホールにスポットライトが当たる歴史的瞬間の到来を、大いに期待していてください!

あとがき

私たちの長年の夢であった観測の実現が、いよいよ秒読みに入りました。筆者は今、ハワイ島にきています。その理由はもちろん、目の前に迫ったＥＨＴによる観測のためです。ＥＨＴプロジェクトのメンバーの一人として、その観測網の一局であるＪＣＭＴ望遠鏡の観測オペレーションに参加します。巨大ブラックホールの姿を初めてとらえると期待される記念すべき観測に、立ちあうことになります。これまで10年近くこのプロジェクトに関わってきたことを振り返ると、ついにこの時が来たことに大きな感慨を覚えます。

それと同時に、これからの研究への期待でワクワクしています。もちろん、これからの道のりは、必ずしも平坦ではないでしょう。観測では天気予報とにらめっこが続くでしょうし、観測後は相関処理やイメージングで、初めて手にするデータの様々な「癖」と格闘しながら作業することになるでしょう。そして、科学的な議論や論文の作成にも時間が必要です。「巨大ブラックホールをとらえた！」という結果を報告できるまでに、まだ1年程度（いやもっと？）かかることになるかもしれません。でも、これからの1年は私たちＥＨＴプロジェクトに関わる研究者にとって、とても忙しくそしてエキサイティングな、特別な1年になります。そして本書でつづってきた巨大ブラックホールをめぐる物語が、これからどのような展開を見せるのか、大いに楽しみです。

最後になりましたが、本書の結びにあたって、この本の執筆でお世話になった多くの方々にこの場で感謝させていただきたく思います。まず、編集の家中信幸さんには企画から執筆、校正にいたるまで、常に適切なアドバイスをいただいたこと、心からお礼申し上げます。

また、筆者とともにＥＨＴプロジェクトで活躍しているＥＨＴ日本チームの方々には巨大ブラックホールの研究で日頃より多大なご協力をいただいています。特に、ＭＩＴヘイスタック観測所の秋山和徳さん、国立天文台の田崎文得さん、秦和弘さん、倉持一輝さん、そして統計数理研究所の池田思朗さんには、共同研究者としての日々の議論に加え、本書の図や写真の提供、原稿チェックなどでご協力いただきました。それから、ブラックホール研究を一緒に進めているＥＨＴプロジェクトの国際チームにも感謝したいと思います。中でもハーバード・スミソニアン天体物理学センターのMichael Johnsonさんと塩川穂高さんには図版の提供をご快諾いただいたこと、お礼申し上げます。

さらに、巨大ブラックホールを初めとする筆者の研究活動の基盤は、国立天文台のＶＥＲＡ（ベラ）プロジェクトを中心とする水沢ＶＬＢＩ観測所の活動にあります。この本を無事に仕上げることができたのもその活動基盤があってこそのことですので、観測所のすべてのメンバーに、観測所の所長として、また仲間として、お礼申し上げます。また、水沢にあるスパコン「アテルイ」に関して、国立天文台ＣｆＣＡプロジェクトの大須賀健さんと福士比奈子さんには、アテルイやその結果について貴重なコメントをいただきました。

そして最後になりますが、岩手での単身赴任のためいろいろと苦労をかけているなかで、いつも仕事を応援してくれる私の妻と子供たちに心から感謝します。特に子供たちに「本はいつできるの?」と何度も言われたことが、執筆の大きな原動力であったことも書き記しておきます。

２０１７年４月　ハワイ島マウナケア山にて

本間希樹

〈な行〉

〈は行〉

〈ま・や・ら行〉

〈さ行〉

〈た行〉

索引

N.D.C.440.12　270p　18cm

ブルーバックス　B-2011

巨大ブラックホールの謎
宇宙最大の「時空の穴」に迫る

2017年4月20日　第1刷発行
2019年4月22日　第4刷発行

著者　本間希樹
発行者　渡瀬昌彦
発行所　株式会社講談社
〒112-8001 東京都文京区音羽2-12-21
電話　出版　03-5395-3524
販売　03-5395-4415
業務　03-5395-3615
印刷所　（本文印刷）豊国印刷株式会社
（カバー表紙印刷）信毎書籍印刷株式会社
本文データ制作　講談社デジタル製作
製本所　株式会社国宝社

ISBN978-4-06-502011-1

発刊のことば

科学をあなたのポケットに

二十世紀最大の特色は、それが科学時代であるということです。科学は日に日に進歩を続け、止まるところを知りません。ひと昔前の夢物語もどんどん現実化しており、今やわれわれの生活のすべてが、科学によってゆり動かされているといっても過言ではないでしょう。

そのような背景を考えれば、学者や学生はもちろん、産業人も、セールスマンも、ジャーナリストも、家庭の主婦も、みんなが科学を知らなければ、時代の流れに逆らうことになるでしょう。

ブルーバックス発刊の意義と必然性はそこにあります。このシリーズは、読む人に科学的に物を考える習慣と、科学的に物を見る目を養っていただくことを最大の目標にしています。そのためには、単に原理や法則の解説に終始するのではなくて、政治や経済など、社会科学や人文科学にも関連させて、広い視野から問題を追究していきます。科学はむずかしいという先入観を改める表現と構成、それも類書にないブルーバックスの特色であると信じます。

一九六三年九月

野間省一

N.D.C.491.371　318p　18cm

ブルーバックス　B-1943

神経とシナプスの科学
現代脳研究の源流

2015年11月20日　第1刷発行
2024年1月24日　第2刷発行

著者　杉　晴夫

発行者　森田浩章
発行所　株式会社講談社
〒112-8001 東京都文京区音羽2-12-21
電話　出版　03-5395-3524
販売　03-5395-4415
業務　03-5395-3615
印刷所　(本文表紙印刷) 株式会社ＫＰＳプロダクツ
(カバー印刷) 信毎書籍印刷株式会社
製本所　株式会社ＫＰＳプロダクツ

定価はカバーに表示してあります。

ISBN978-4-06-257943-8

発刊のことば

科学をあなたのポケットに

二十世紀最大の特色は、それが科学時代であるということです。科学は日に日に進歩を続け、止まるところを知りません。ひと昔前の夢物語もどんどん現実化しており、今やわれわれの生活のすべてが、科学によってゆり動かされているといっても過言ではないでしょう。

そのような背景を考えれば、学者や学生はもちろん、産業人も、セールスマンも、ジャーナリストも、家庭の主婦も、みんなが科学を知らなければ、時代の流れに逆らうことになるでしょう。

ブルーバックス発刊の意義と必然性はそこにあります。このシリーズは、読む人に科学的に物を考える習慣と、科学的に物を見る目を養っていただくことを最大の目標にしています。そのためには、単に原理や法則の解説に終始するのではなくて、政治や経済など、社会科学や人文科学にも関連させて、広い視野から問題を追究していきます。科学はむずかしいという先入観を改める表現と構成、それも類書にないブルーバックスの特色であると信じます。

一九六三年九月　野間省一